机械制图习题集（第四版）

洪友伦　唐丽君　主　编

付　饶　段利君　陈晓雲　张　黎　副主编

清华大学出版社
北　京

内容简介

本习题集根据教育部制定的高职高专工程制图课程教学基本要求，并依据最新的技术制图和机械制图国家标准编写而成，可与洪友伦、段利君主编的《机械制图（第四版）》配套使用。

本习题集主要内容包括：制图的基本知识与技能，点、线和平面的投影，基本体，轴测图，组合体，机件的表达方法，常用机件的规定画法与标记，零件图，装配图和表面展开图。

本习题集可作为高等院校机械类和近机类各专业的制图课程教材，也可供工程技术人员参考使用。

与本书配套的《机械制图（第四版）》同时出版，读者可以通过访问http://www.tupwk.com.cn/downpage网站下载习题集答案，也可通过扫前言中的二维码下载。

本书封面贴有清华大学出版社防伪标签，无标签者不得销售。

版权所有，侵权必究。举报：010-62782989，beiqinquan@tup.tsinghua.edu.cn。

图书在版编目 (CIP) 数据

机械制图习题集 / 洪友伦，唐丽君 主编 . —4 版 . — 北京：清华大学出版社，2020.7 (2025.2重印)
ISBN 978–7–302–56014–2

Ⅰ . ①机⋯　Ⅱ . ①洪⋯ ②唐⋯　Ⅲ . ①机械制图—高等职业教育—习题集　Ⅳ . ① TH126–44

中国版本图书馆 CIP 数据核字 (2020) 第 121741 号

责任编辑：胡辰浩
装帧设计：孔祥峰
责任校对：马遥遥
责任印制：宋　林

出版发行：清华大学出版社
　　　　　网　　　址：https://www.tup.com.cn，https://www.wqxuetang.com
　　　　　地　　　址：北京清华大学学研大厦A座　　　邮　　编：100084
　　　　　社 总 机：010-83470000　　　　　　　　　邮　　购：010-62786544
　　　　　投稿与读者服务：010-62776969，c-service@tup.tsinghua.edu.cn
　　　　　质 量 反 馈：010-62772015，zhiliang@tup.tsinghua.edu.cn

印 装 者：三河市铭诚印务有限公司
经　　销：全国新华书店
开　　本：370mm×260mm　　　印　　张：9　　　字　　数：233千字
版　　次：2010年10月第1版　　2020年7月第4版　　印　　次：2025年2月第5次印刷
印　　数：5501～6000
定　　价：59.00元

产品编号：088620-02

前　　言

本习题集是在充分企业调研和总结"双一流"院校建设经验，结合编者几十年教学积累基础上编写而成的，并依据最新公布的机械制图和技术制图国家标准编写。本习题集与《机械制图(第四版)》配套使用。

本习题集具有以下特点。

(1) 为便于教学，本习题集的编排顺序与相配套的教材一致。

(2) 习题集的主要题型有：补画视图、补画视图中的漏线、判断、改错、填空等。

(3) 为使读者能够掌握制图的基本知识和基本理论，精选的各章节习题不但难度适中，而且涵盖了各个知识点。

(4) 习题集中通过较多的立体图形，力争使读者能够突破学习上的难点，建立起空间想象力并熟练掌握作图的基本方法。

目前，计算机绘图已经取代传统的绘图，但手工尺规作图的作图原理和习惯是计算机绘图的基础，这部分的训练对养成良好的绘图作风意义明显，在学习中读者应重视这方面能力的培养。为方便教师教学和学生学习，本习题集提供配套答案，读者可以到http://www.tupwk.com.cn/downpage 网站下载，也可以通过扫下方的二维码下载。

本习题集由洪友伦、唐丽君任主编，付饶、段利君、陈晓雲、张黎任副主编，刘英蝶参编。 由于编者水平有限，习题集中难免存在不足之处，恳请读者批评指正。我们的电话是010-62796045，邮箱是huchenhao@263.net。

编　者

2020年4月

目　录

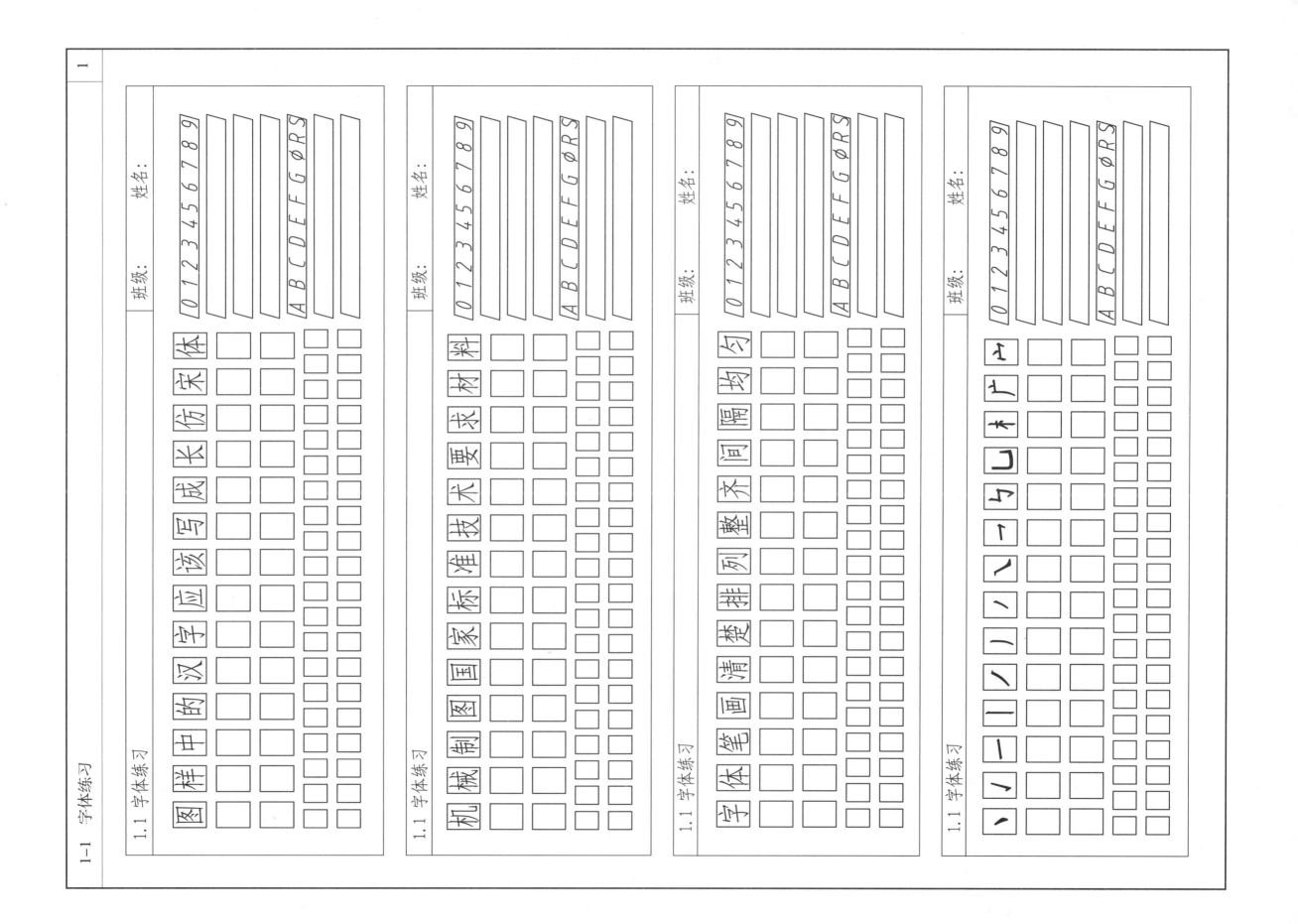

1-1 字体练习

1.1 字体练习

班级： 姓名：

0 1 2 3 4 5 6 7 8 9

A B C D E F G ∅ R S

图 样 中 的 汉 字 应 该 写 成 长 仿 宋 体

1.1 字体练习

班级： 姓名：

0 1 2 3 4 5 6 7 8 9

A B C D E F G ∅ R S

机 械 制 图 国 家 标 准 技 术 要 求 材 料

1.1 字体练习

班级： 姓名：

0 1 2 3 4 5 6 7 8 9

A B C D E F G ∅ R S

字 体 笔 画 清 楚 排 列 整 齐 间 隔 均 匀

1.1 字体练习

班级： 姓名：

0 1 2 3 4 5 6 7 8 9

A B C D E F G ∅ R S

㇐ 丨 丿 ㇏ ㇇ 乚 丶 广 宀 木

1. 在下图指定位置画出相应的图线。

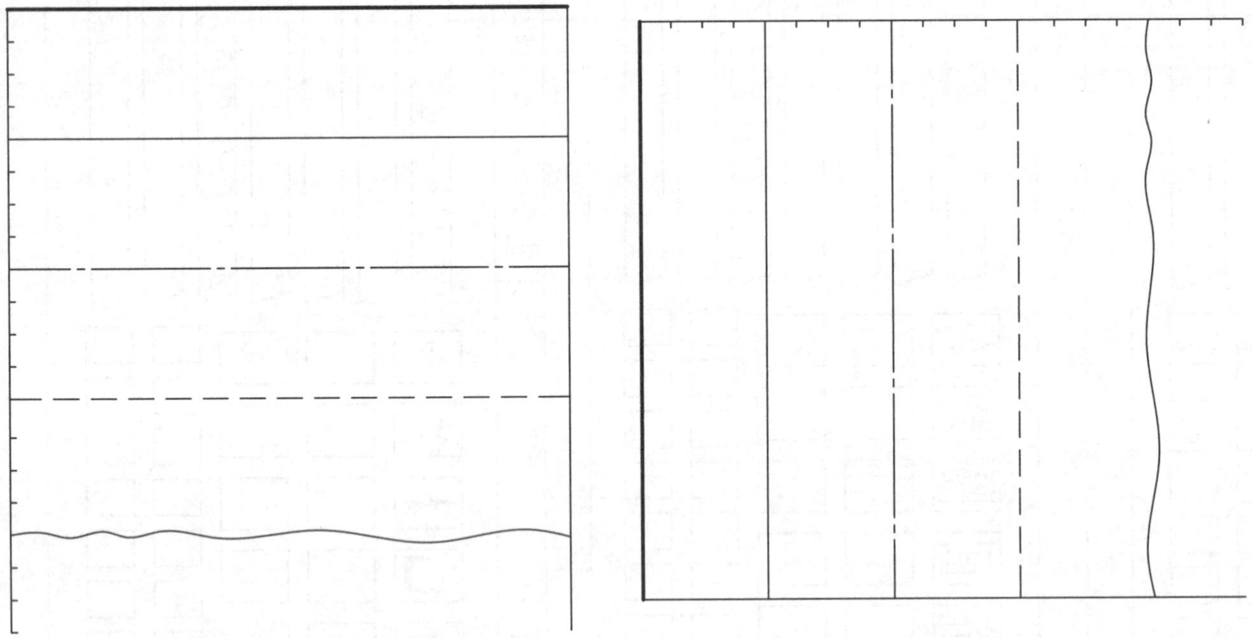

2. 按左图的尺寸和线型，将其画在右侧指定位置。

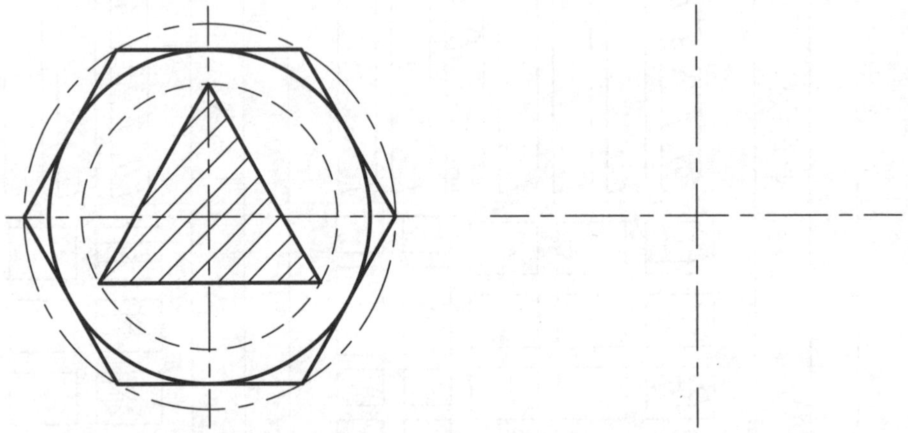

3. 在下图中的尺寸线上画出箭头并标注尺寸（尺寸数值从图中量取，并取整）。

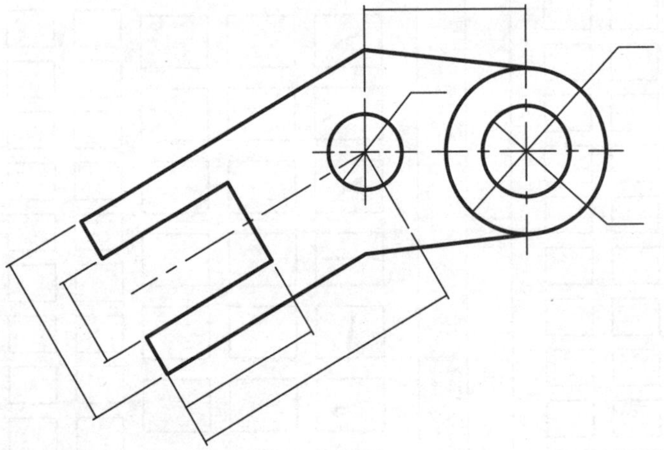

4. 标出下面两图形的尺寸（尺寸数值从图中量取，并取整）。

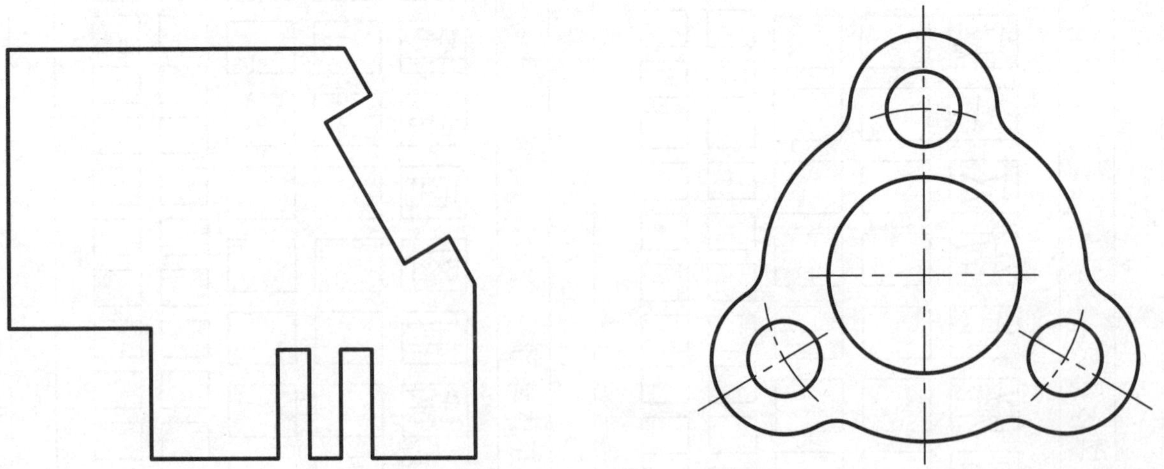

1. 按图中的尺寸绘出下列平面图形（比例为 1∶2）。

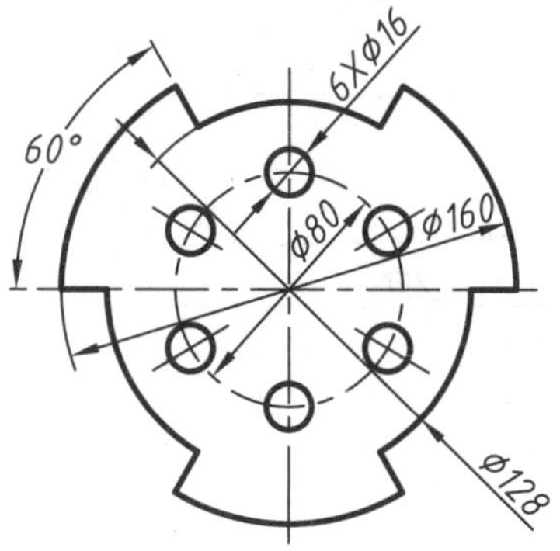

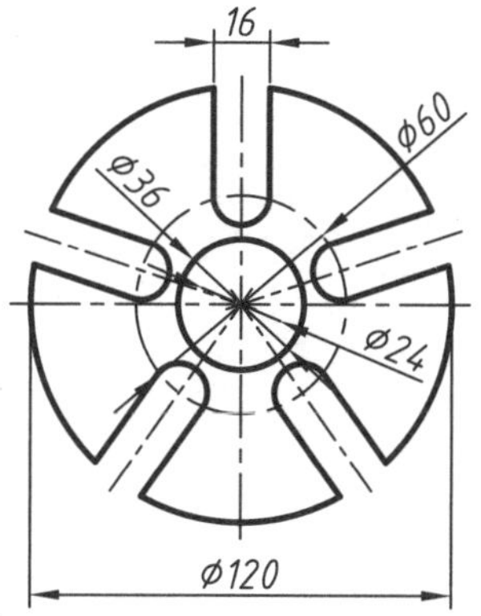

2. 已知椭圆的长轴80，短轴54，按 1∶1 比例分别用同心圆法和四心近似法绘出椭圆（保留作图线）。

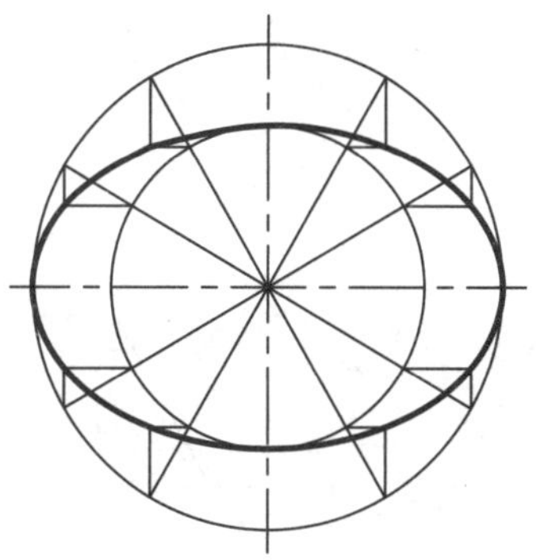

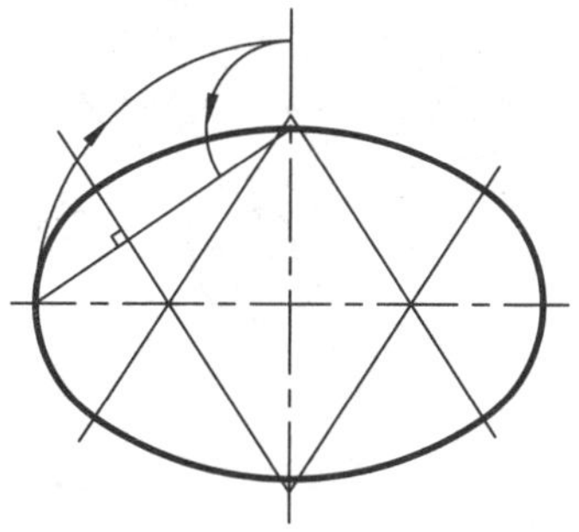

3. 在指定位置，按图中的尺寸和指定比例绘出下列平面图形。

（1）1∶1

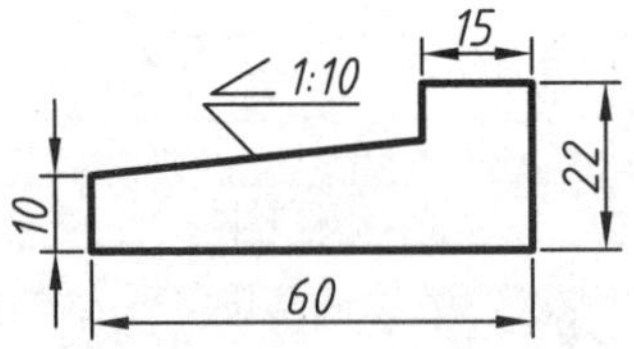

（2）1∶2

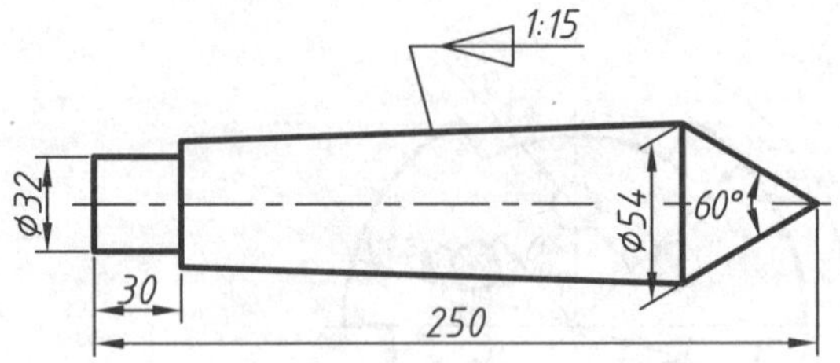

4. 按小图中的尺寸完成下列平面图形(保留作图线)。

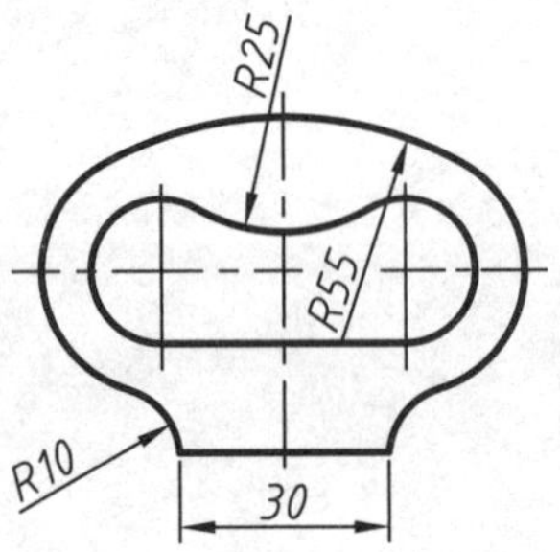

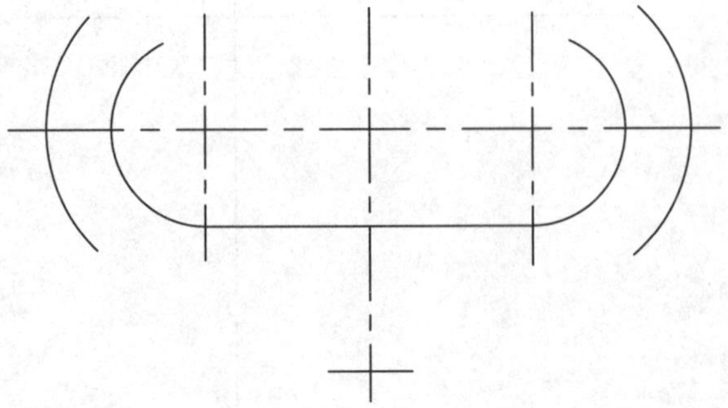

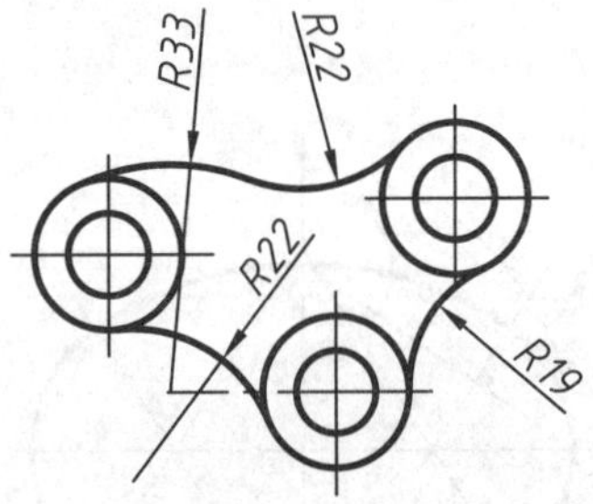

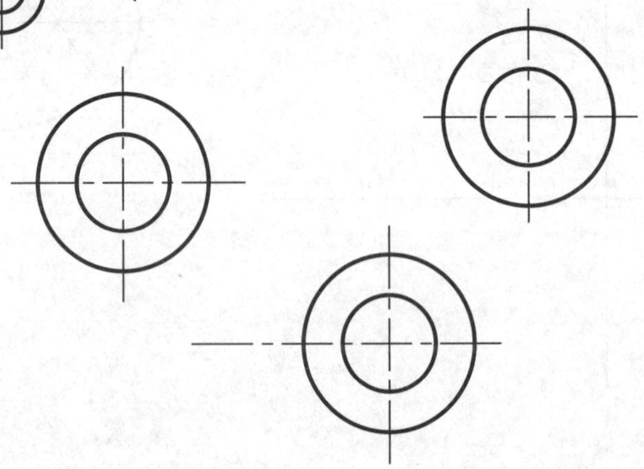

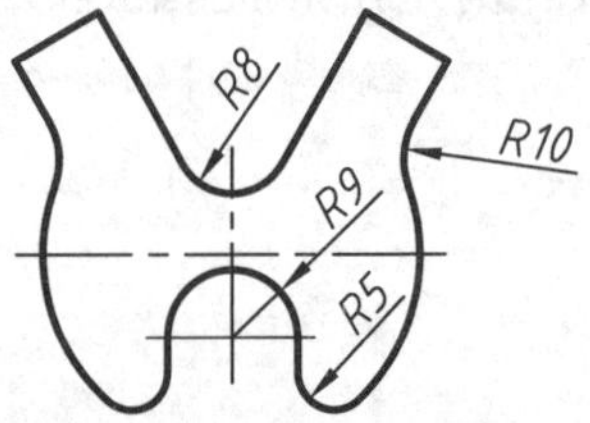

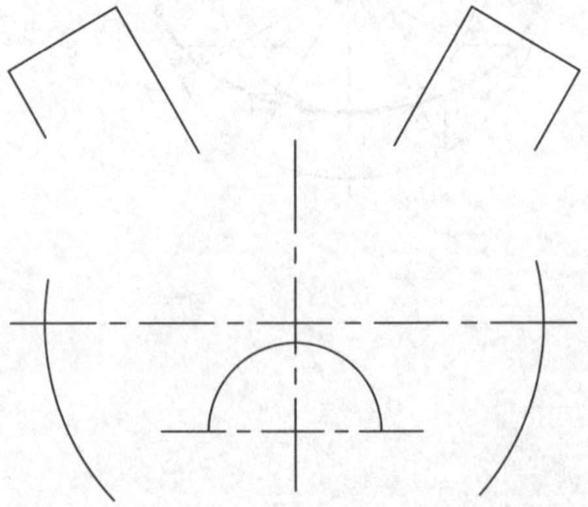

5.按 1∶1 比例画出下列图形并标注尺寸。

（1）

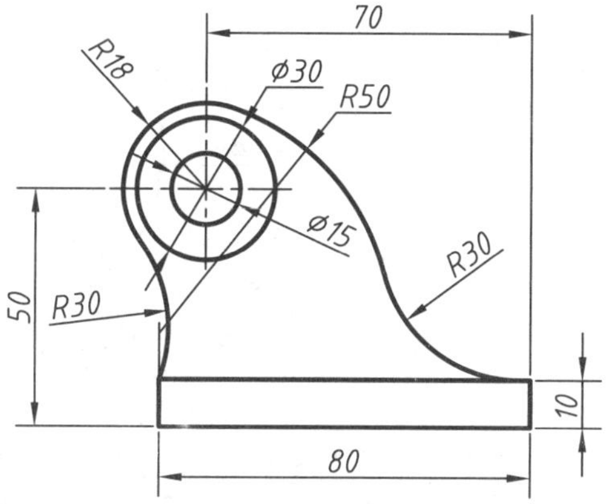

R18　φ30　R50　70　φ15　R30　50　R30　80　10

（2）

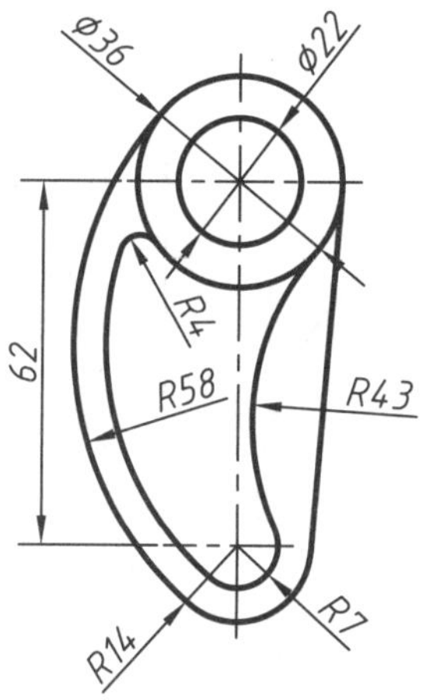

φ36　φ22　R4　62　R58　R43　R14　R7

（3）

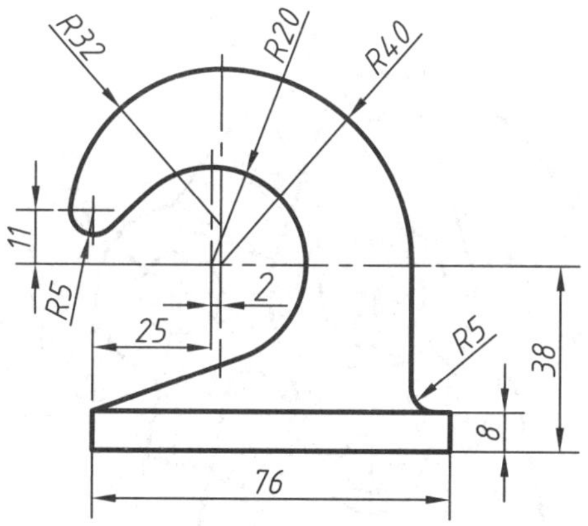

R32　R20　R40　11　R5　25　2　R5　38　8　76

（4）

R15　φ12　R8　φ30　R34　R5　R30

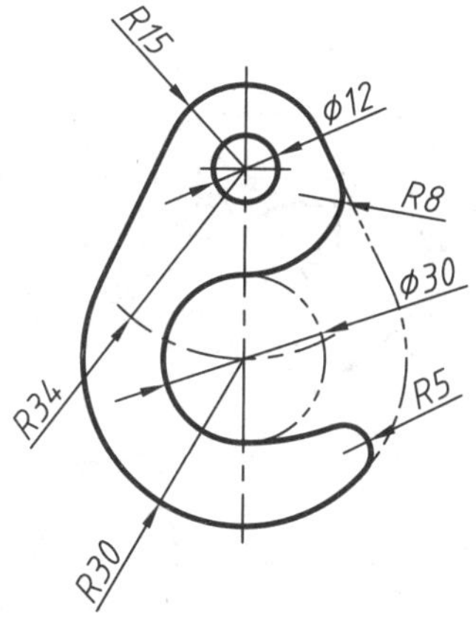

1-4　平面图形	班级		姓名		学号		审阅		成绩		6

按图中的尺寸绘出下列平面图形(比例为 1∶1，图幅为A4)。

（1）

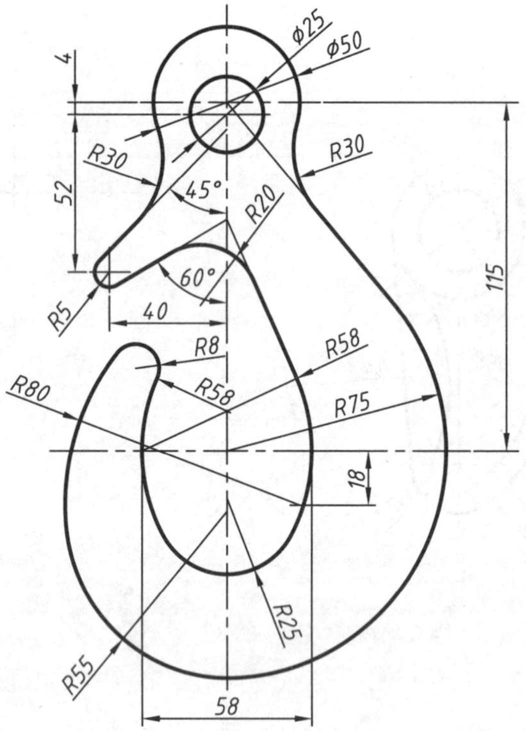

（2）

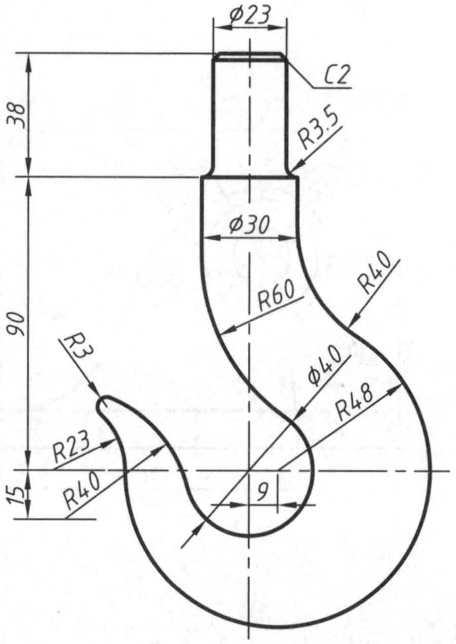

（3）

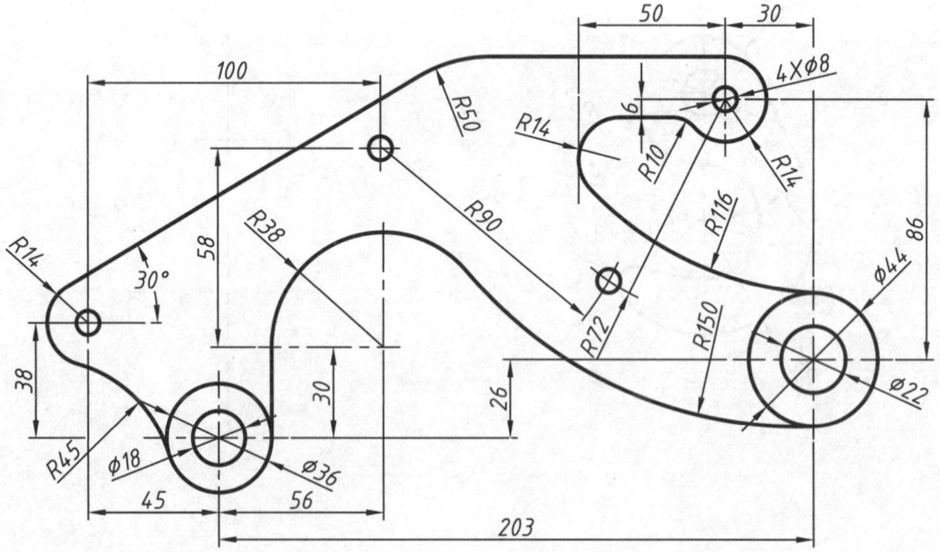

（4）

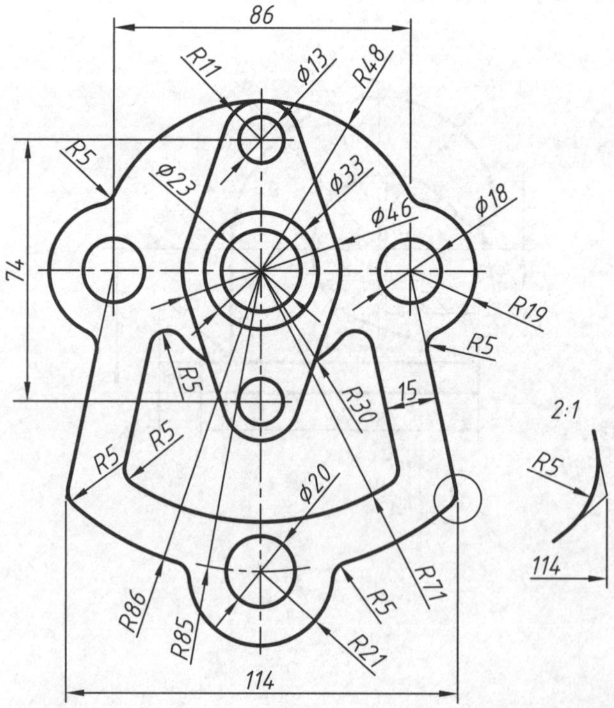

1. 找出与三视图相对应的物体的直观图，并填写直观图序号。

2. 在直观图上指明了三视图的投射方向，参照直观图补画视图中所缺的图线。

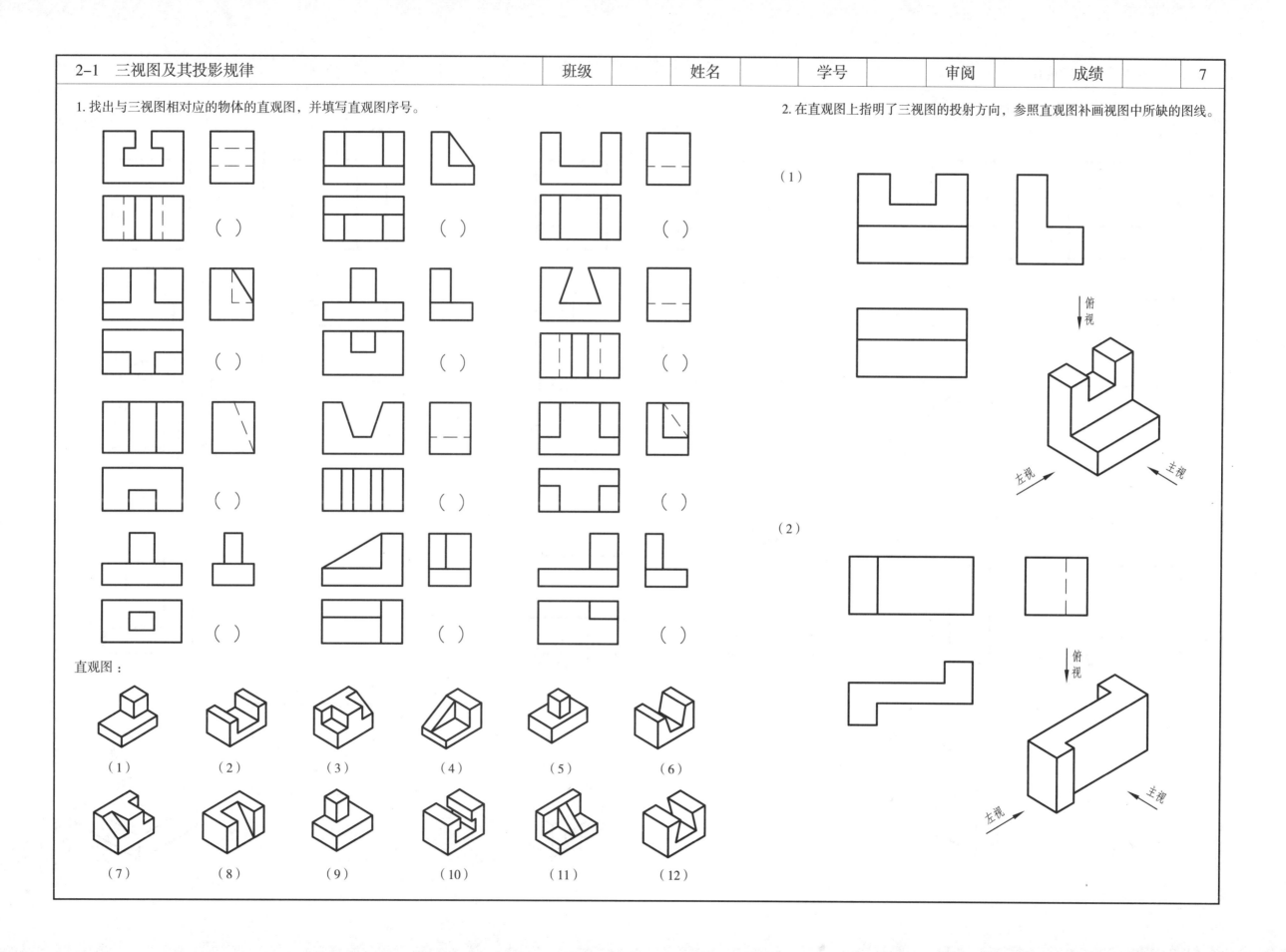

直观图：

（1）　（2）　（3）　（4）　（5）　（6）

（7）　（8）　（9）　（10）　（11）　（12）

1. 在直观图上指明了三视图的投射方向，参照直观图补画视图中所缺的图线。

（1）　　　　　　　　　　　　　（2）　　　　　　　　　　　　　（3）

2. 根据所给的两面视图，参照直观图画出第三视图

（1）　　　　　　　　　　　　　（2）　　　　　　　　　　　　　（3）

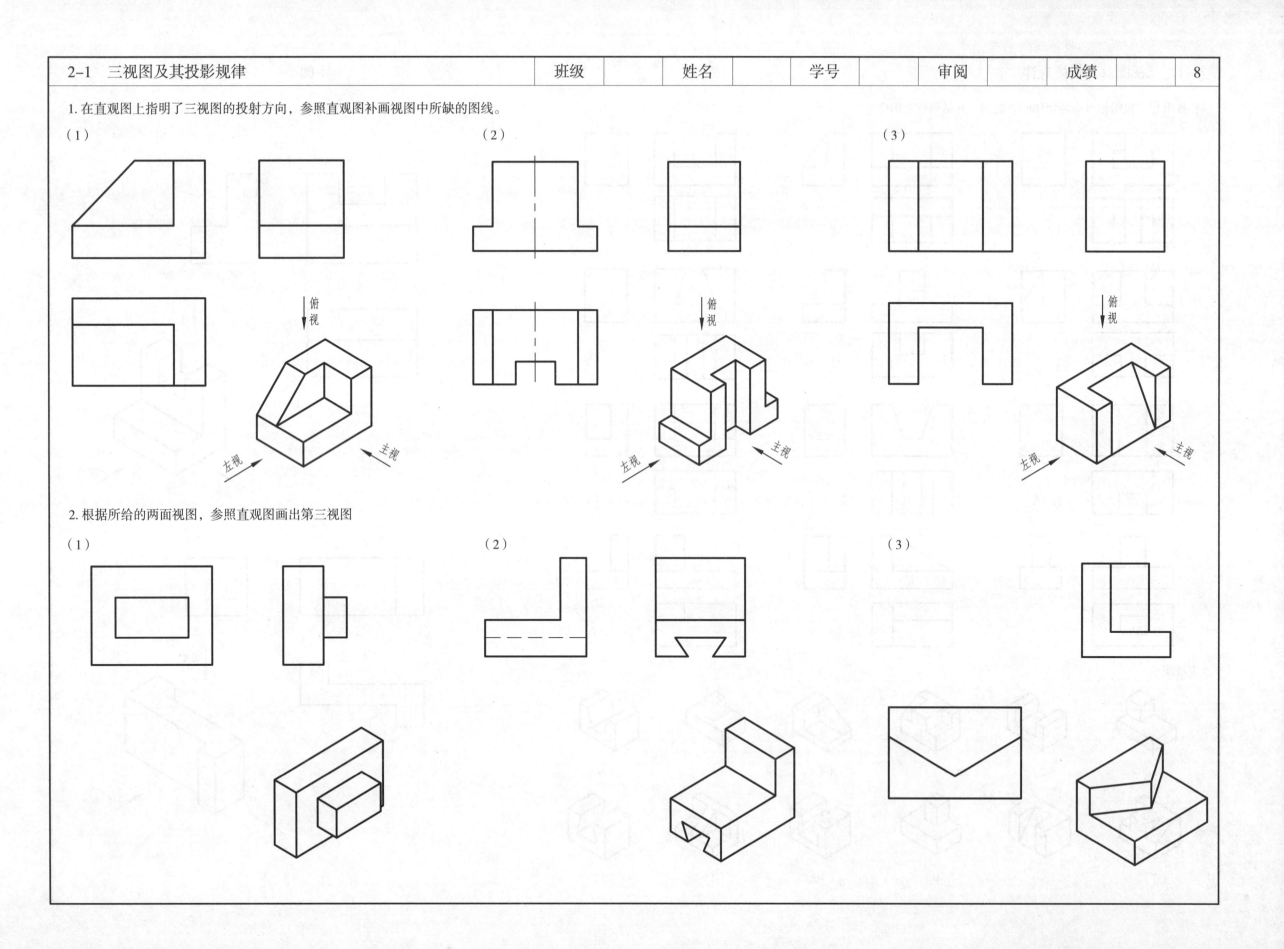

1. 已知 A 点的直观图，B（5，20，10）、C 点到各投影面的距离，作出各点的三面投影图及 B、C 点的直观图。

	距 H 面	距 V 面	距 W 面
C	20	0	15

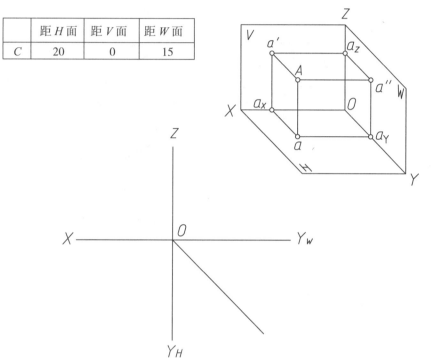

2. 已知各点的三面投影，在下表中填写出各点的坐标值。

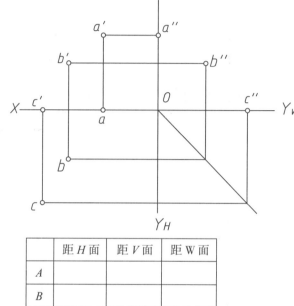

	距 H 面	距 V 面	距 W 面
A			
B			
C			

3. 已知 A、B 和 C 点的两面投影，作出各点的第三面投影并判别点的相对位置。

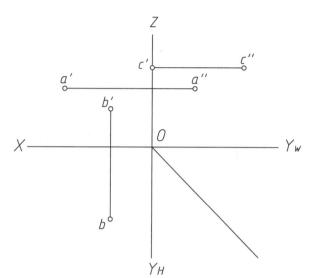

点 A 在点 B 之（　）、（　）、（　）
点 C 在点 B 之（　）、（　）、（　）

4. 已知 B 点在 A 点左方 15，且 $X_B = Y_B = Z_B$，C 点比 B 点低 10，且 X 坐标比点 B 大 5，$Y_C = X_C$，求作 B、C 两点的三面投影。

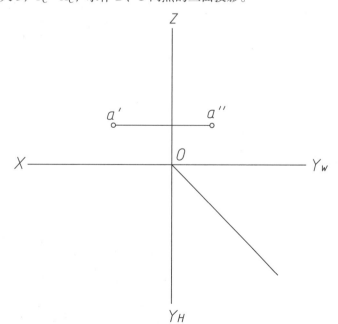

5. 已知 A 点的三面投影，且 B 点在 A 点正右方 15mm，求 B 点的三面投影，并判别重影点的可见性。

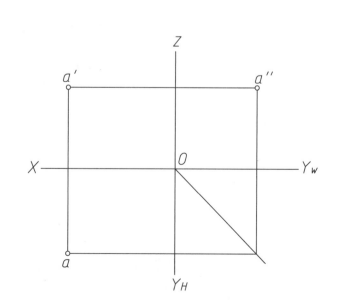

6. 根据直观图，在三视图中分别标出 A、B、C 三点的投影。

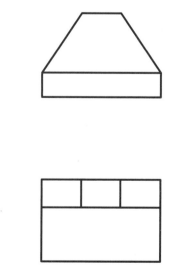

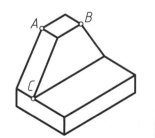

1.求作下列各直线的第三面投影，并判断各直线相对于投影面的空间位置。

（1）　　　　　　　（2）　　　　　　　（3）　　　　　　　（4）　　　　　　　（5）　　　　　　　（6）

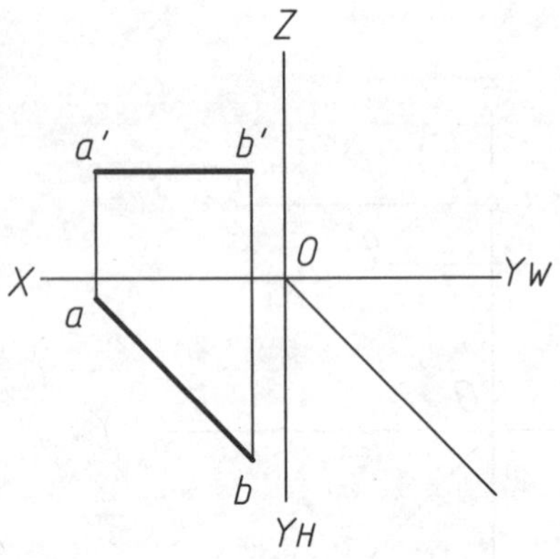

AB为（　　　）线　　CD为（　　　）线　　EF线为（　　　）线　　GH为（　　　）线　　MN为（　　　）线　　KL为（　　　）线

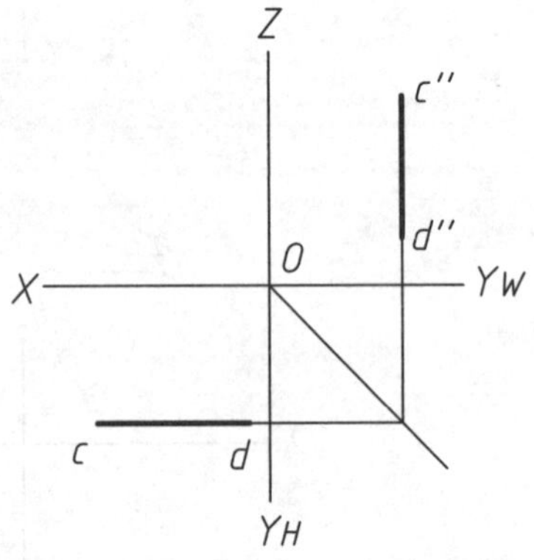

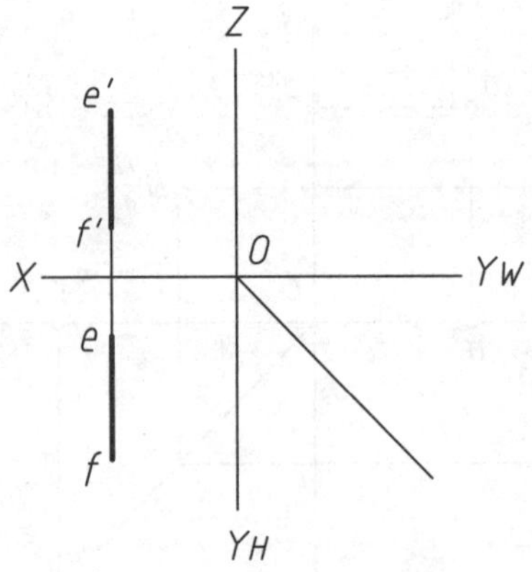

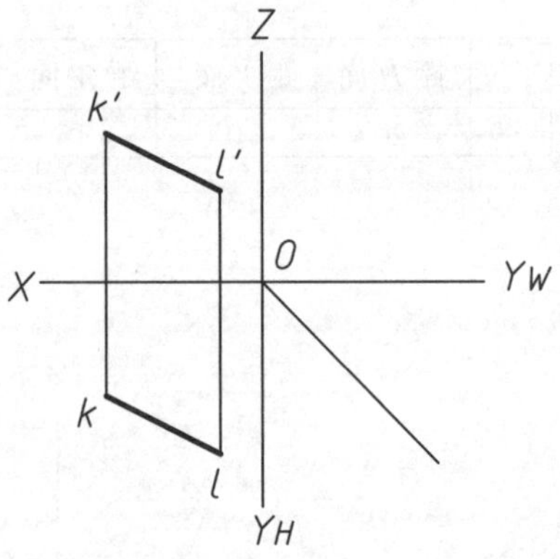

2. 在直线AB上求一点C，使得AC∶CB=5∶2，作出点C的投影（保留作图线）。

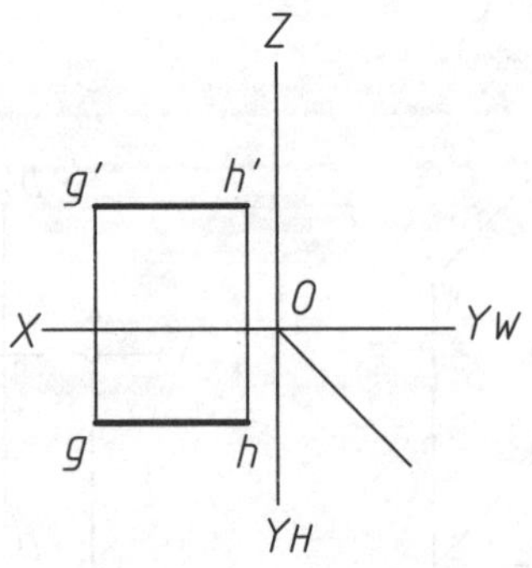

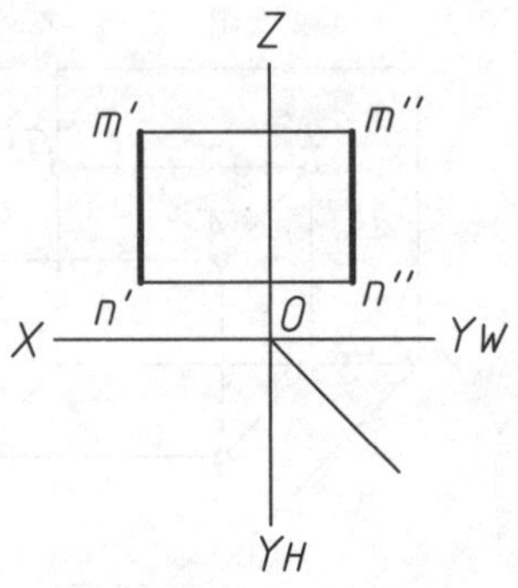

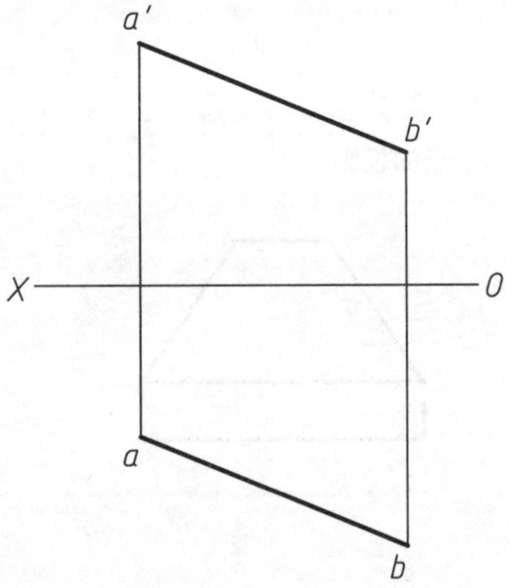

3. 根据直线段AB、CD的两面投影，分析判断AB、CD的空间位置，并补画其第三面投影。

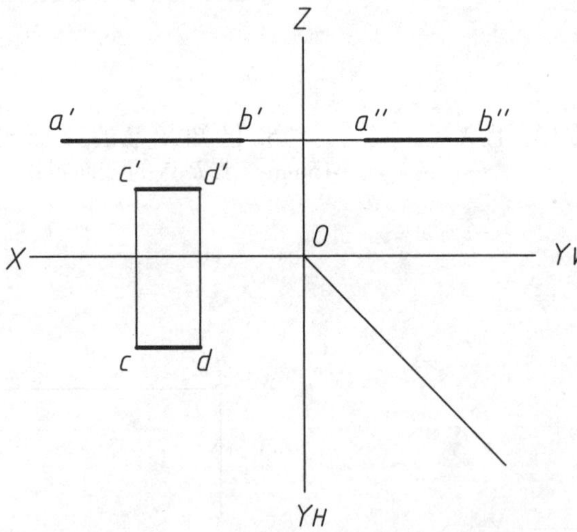

AB为（　　　）线　　　　　　　AB为（　　　）线
CD为（　　　）线　　　　　　　CD为（　　　）线

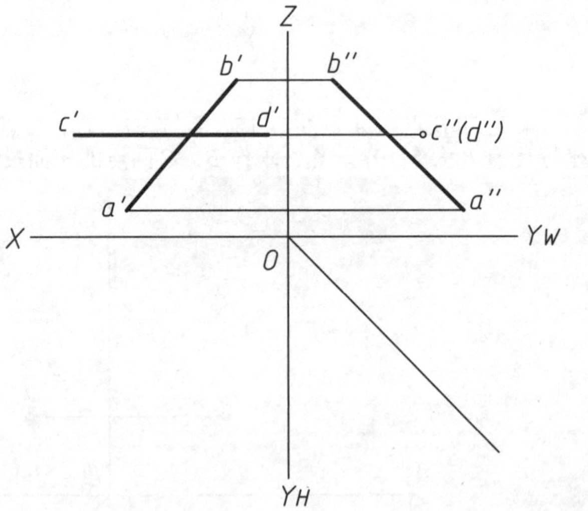

4. 判别下列各图中两直线的相对位置（平行、相交、交叉）。

（1）　　　（2）　　　（3）　　　（4）　　　（5）　　　（6）

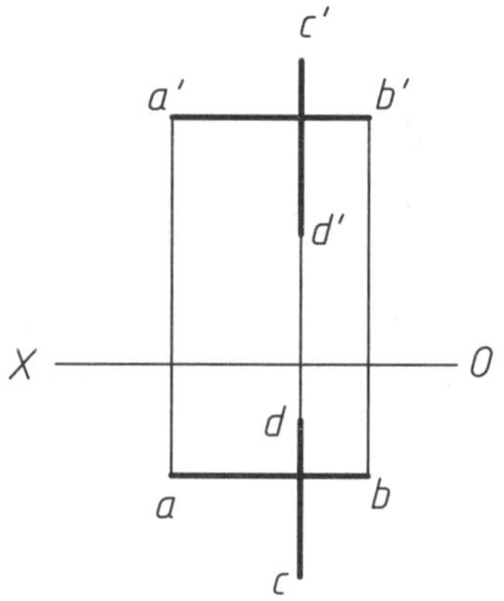

AB、CD为（　　　）　EF、GH为（　　　）　IJ、KL为（　　　）　MN、PQ（　　　）　RS、TU为（　　　）　WX、YZ为（　　　）

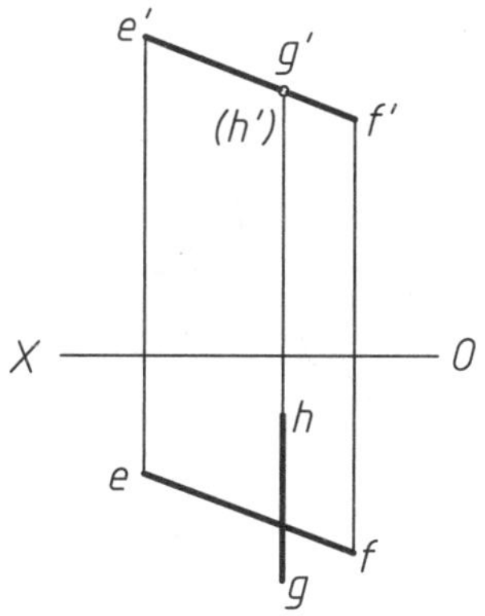

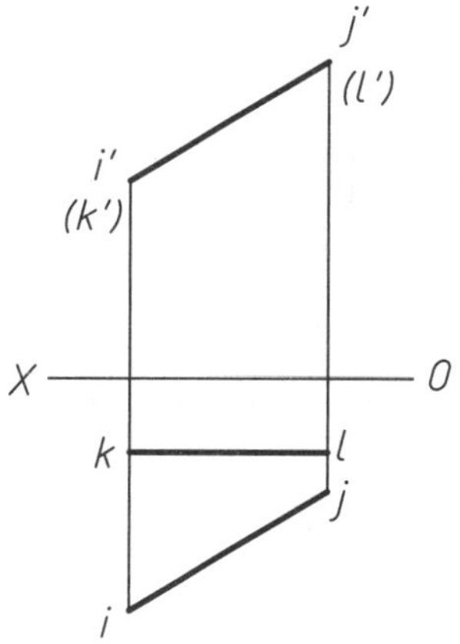

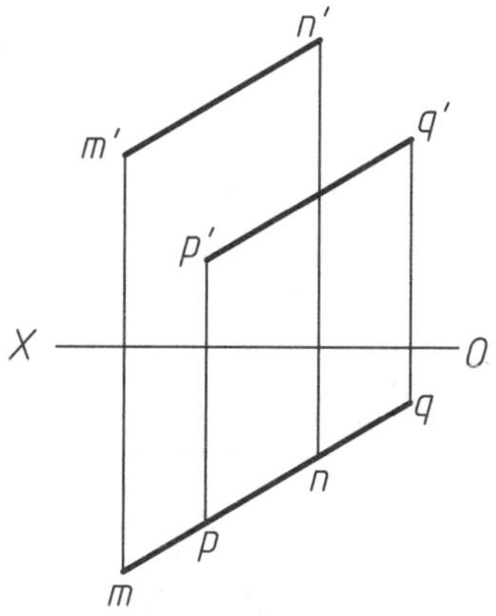

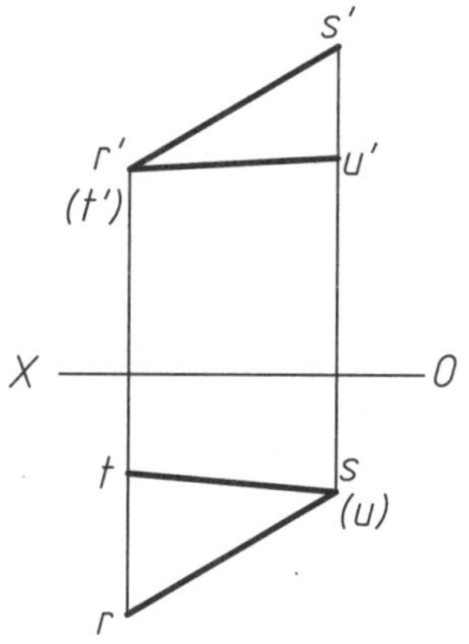

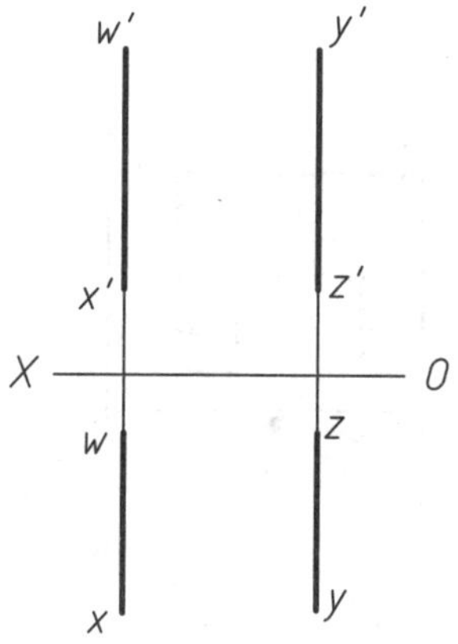

5. 判别交叉两直线的重影点及其可见性。

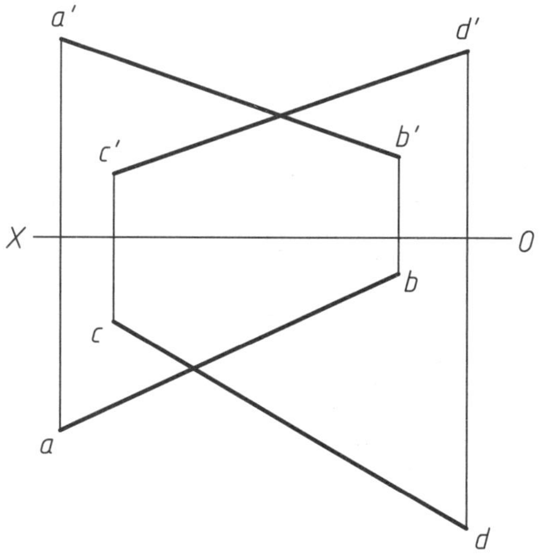

6. 已知 c′，作一铅垂线 CD（距 V 面 10mm，实长为 20mm）的三面投影。

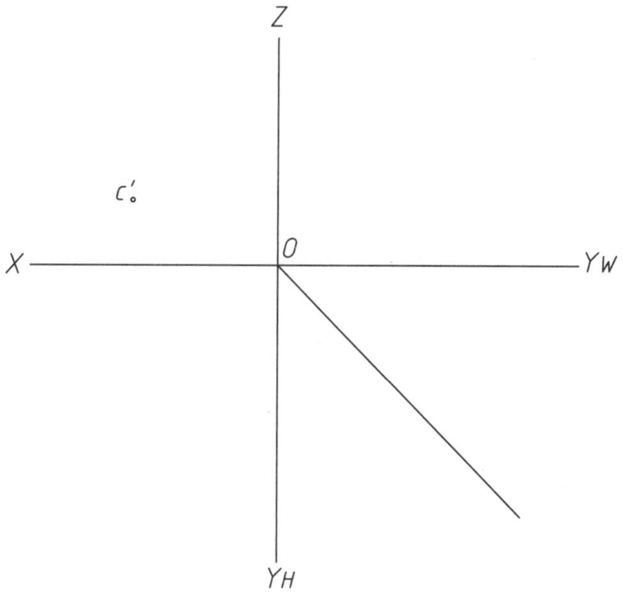

7. 在三面视图上标注出直线 AB、CD 的另两面投影，并在直观图上标注出 A、B、C、D 点。

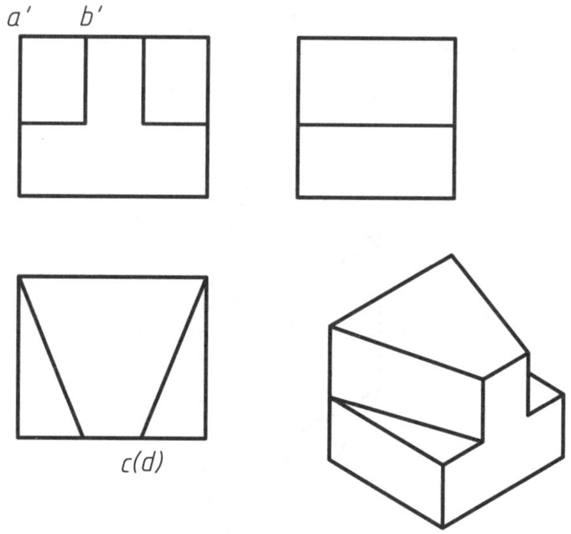

AB为（　　　）线
CD为（　　　）线

1. 根据平面的两面投影求作第三面投影。

（1）

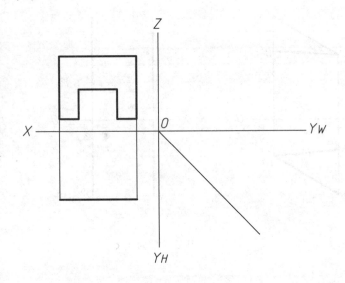

（2）

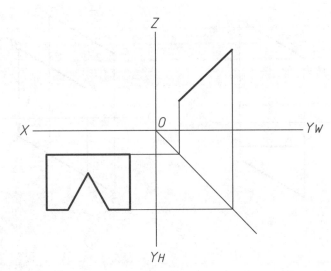

（3）

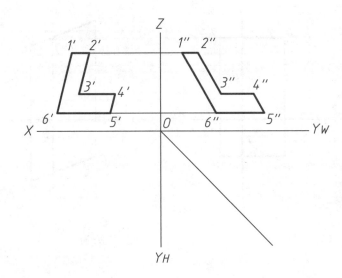

2. 判断点K是否在平面ABC上。并在平面ABC内过A点作一水平线，过B点作一正平线。

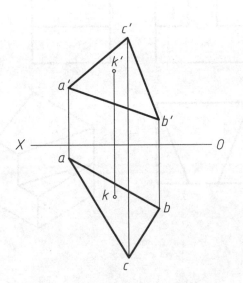

3. 完成五边形ABCDE的V面投影。

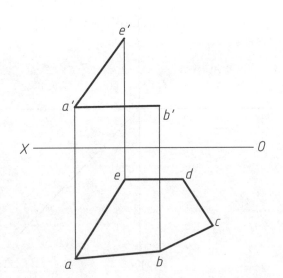

4. 直线DE平行于平面ABC，求DE的水平投影。

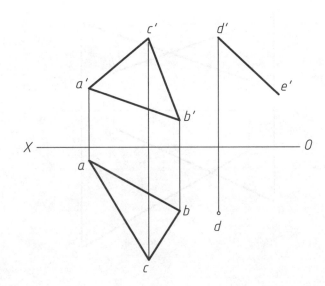

5.标注出平面 *P*、*S* 的侧面投影，并判断平面 *P*、*S* 相对于投影面的空间位置。

（1）

（2）

（3）

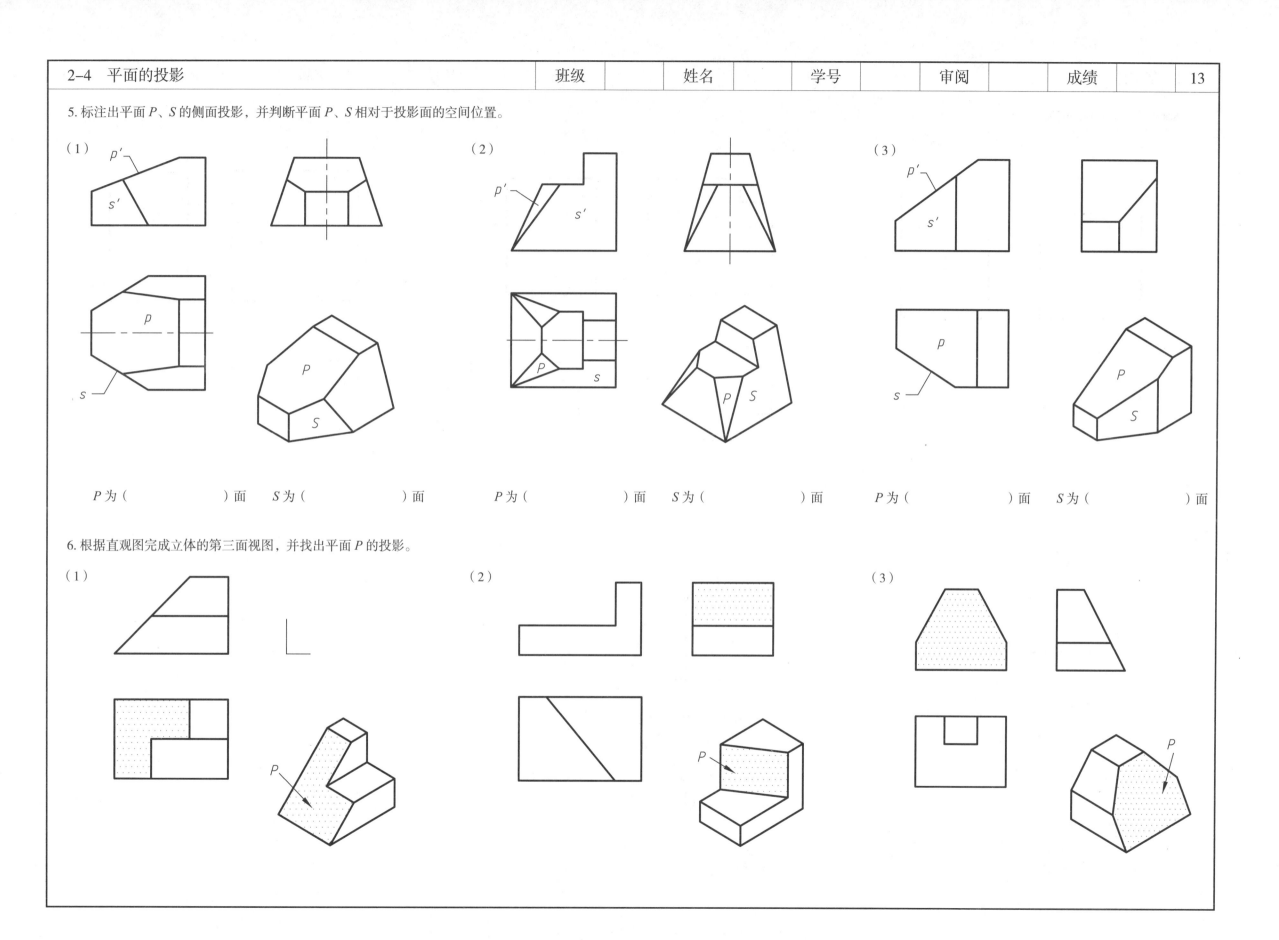

P 为（　　　　　）面　　*S* 为（　　　　　）面　　　　*P* 为（　　　　　）面　　*S* 为（　　　　　）面　　　　*P* 为（　　　　　）面　　*S* 为（　　　　　）面

6.根据直观图完成立体的第三面视图，并找出平面 *P* 的投影。

（1）

（2）

（3）

1. 补画出视图中所缺的图线。

（1）   （2）   （3）

2. 补画立体的第三投影，并求其表面上各点的另两投影。

（1）   （2）   （3）

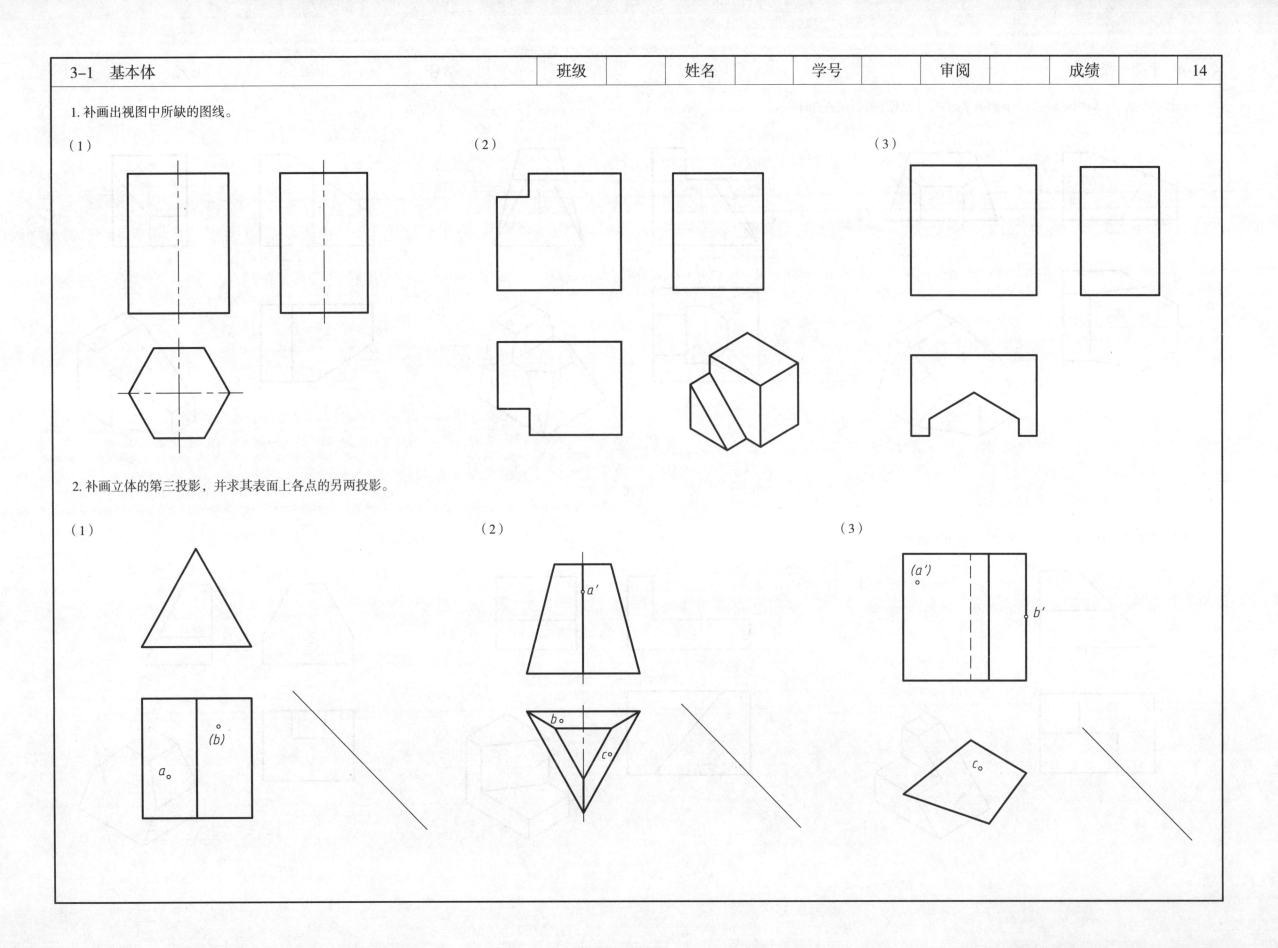

3.补画出视图中所缺的图线。

（1）　（2）　（3）　（4）

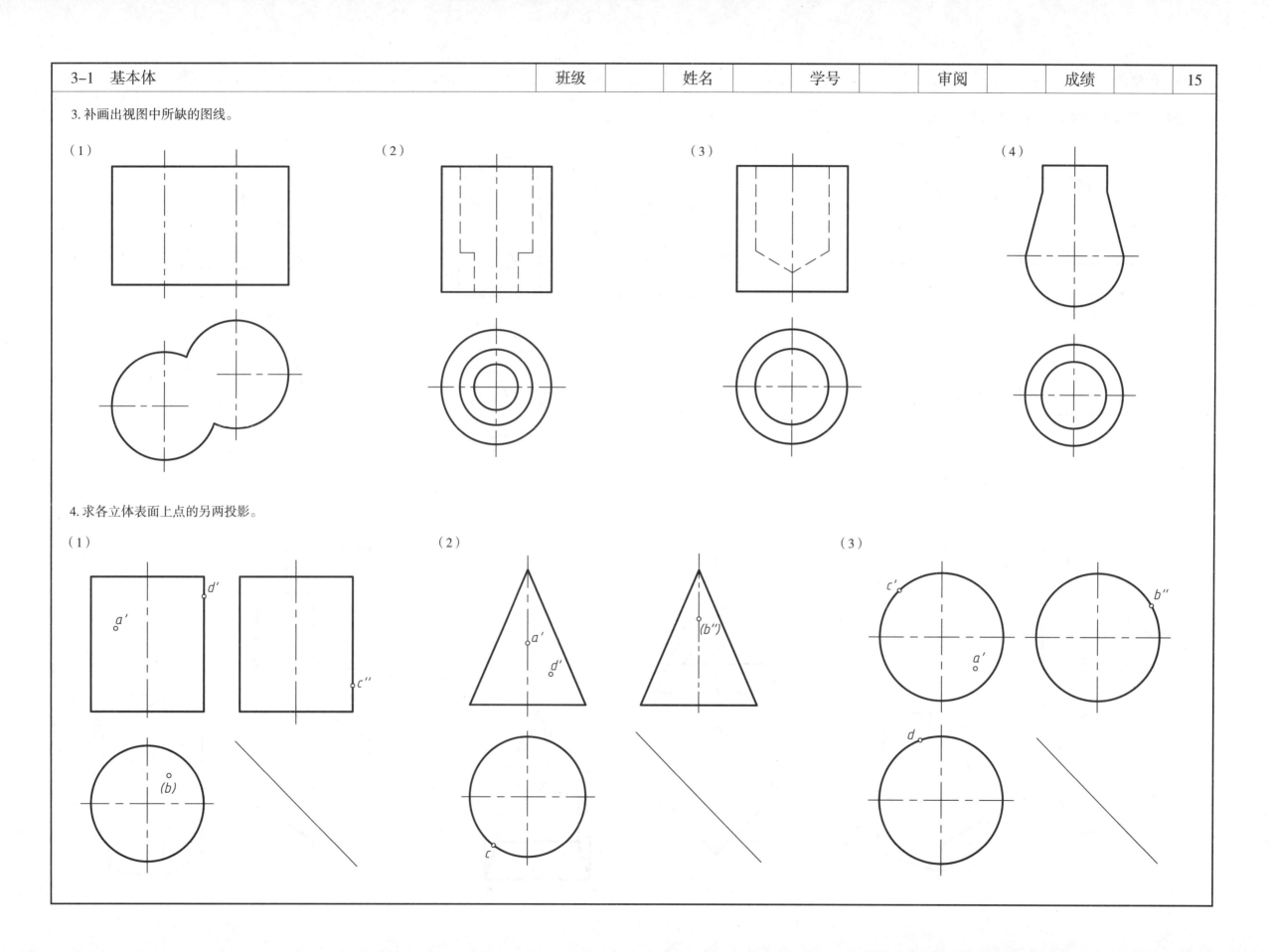

4.求各立体表面上点的另两投影。

（1）　（2）　（3）

1.分析各平面立体的截交线，补全视图中的图线。

（1）   （2）   （3）

2.补全视图中的图线，并补画出各平面立体的左视图。

（1）   （2）   （3）

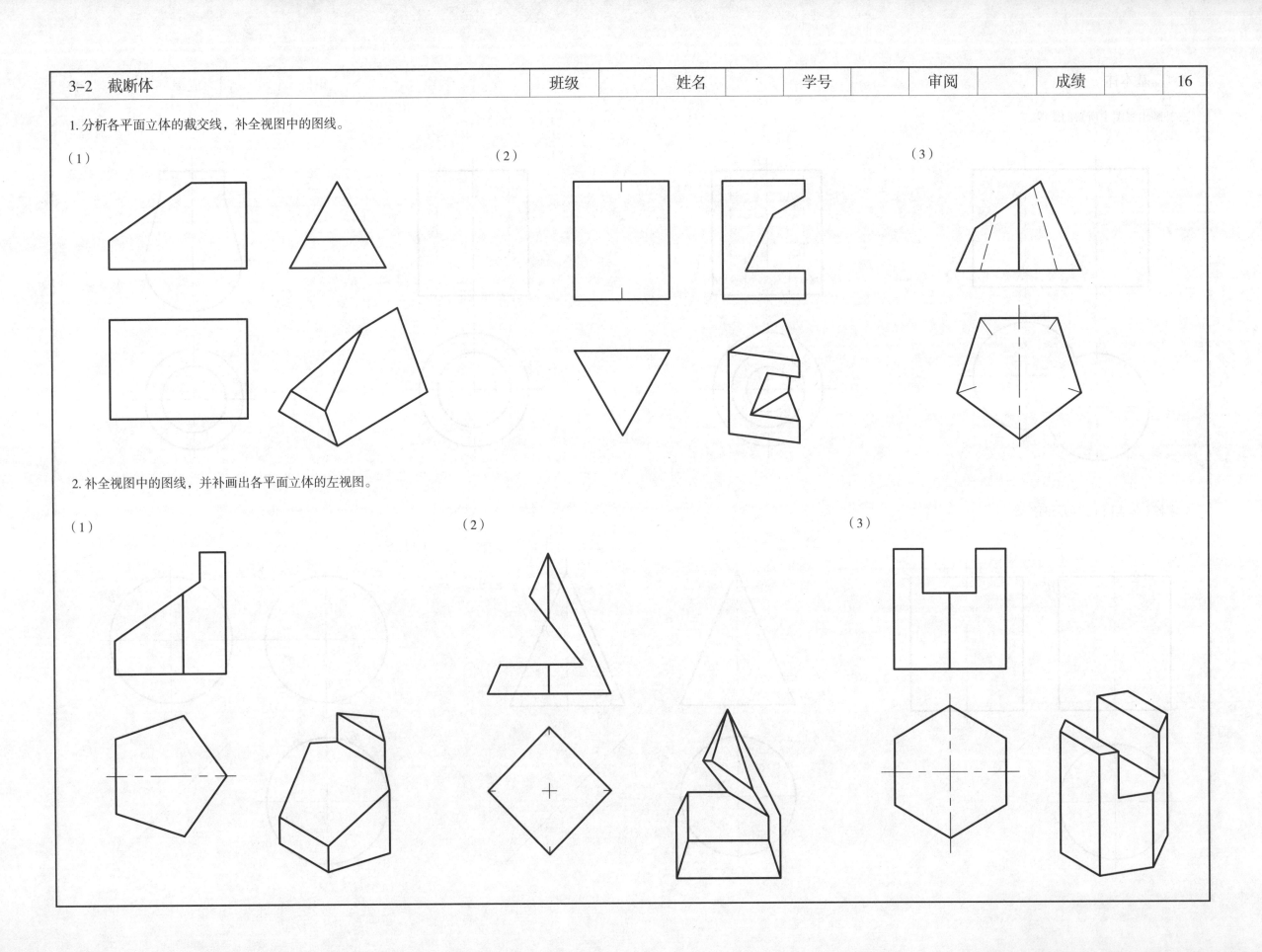

3.补全视图中的漏线。

（1）　　　　　　　　　　　　　（2）　　　　　　　　　　　　　（3）

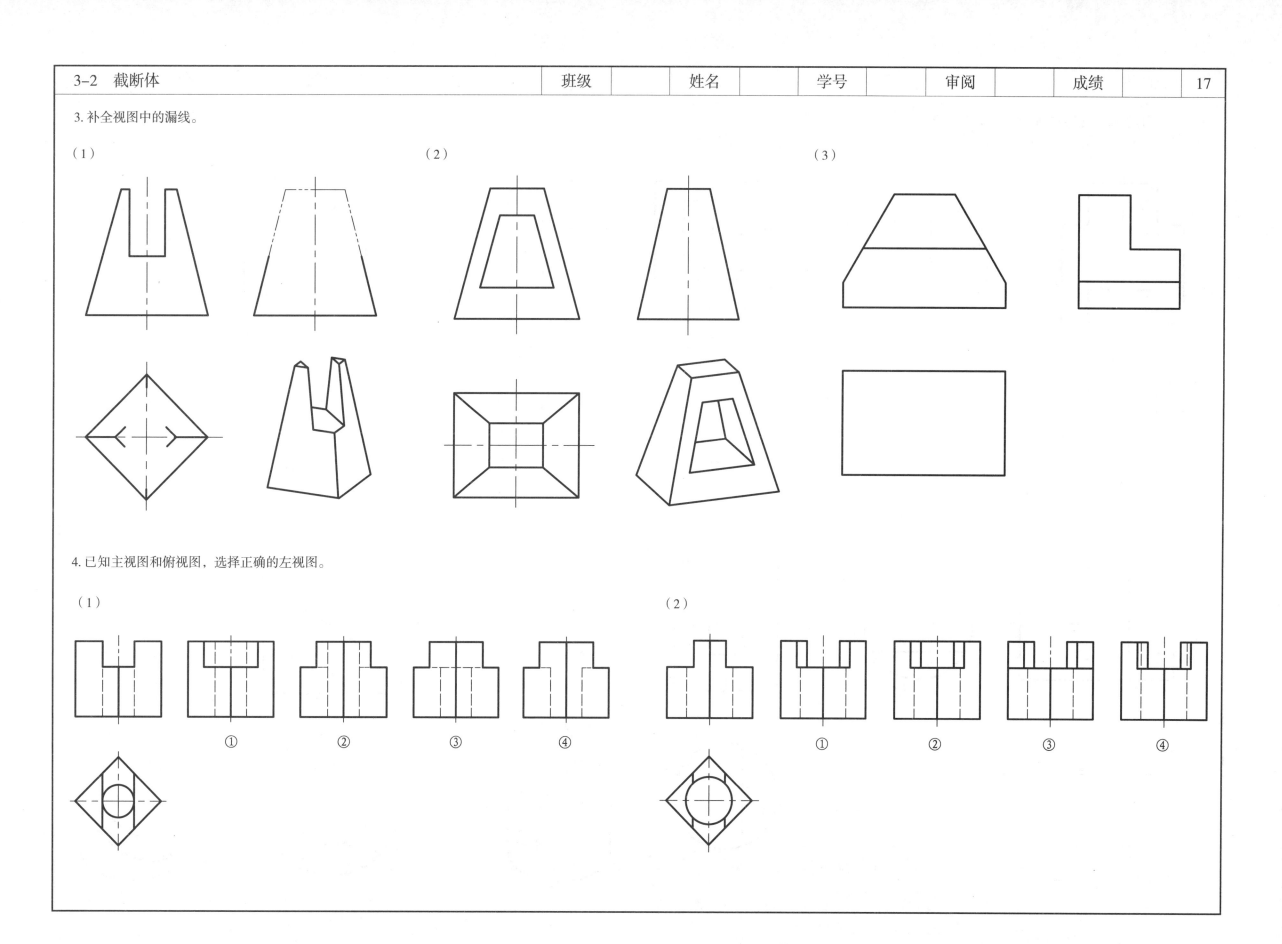

4.已知主视图和俯视图，选择正确的左视图。

（1）　　　　　　　　　　　　　　　　　　　　　（2）

①　　　②　　　③　　　④　　　　　　　①　　　②　　　③　　　④

5.分析各立体表面上截交线的形状，补画第三视图。

（1）

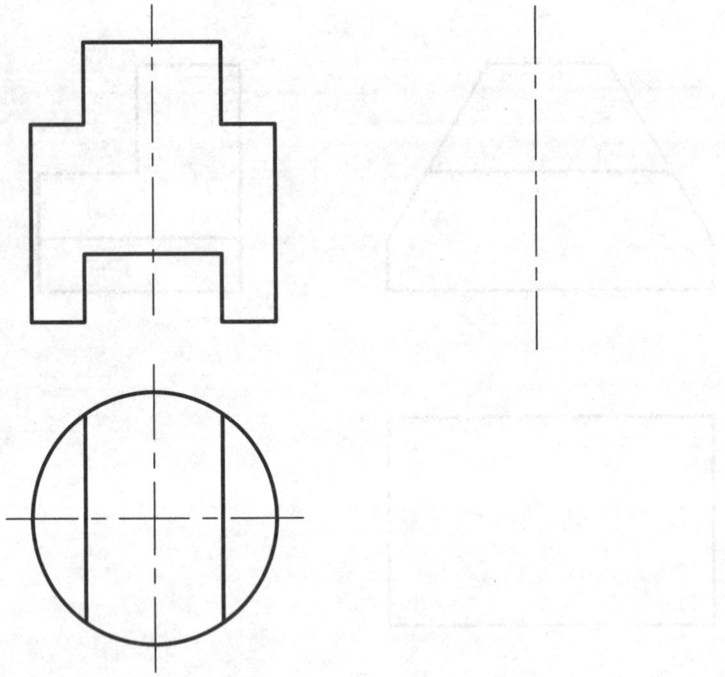

（2）

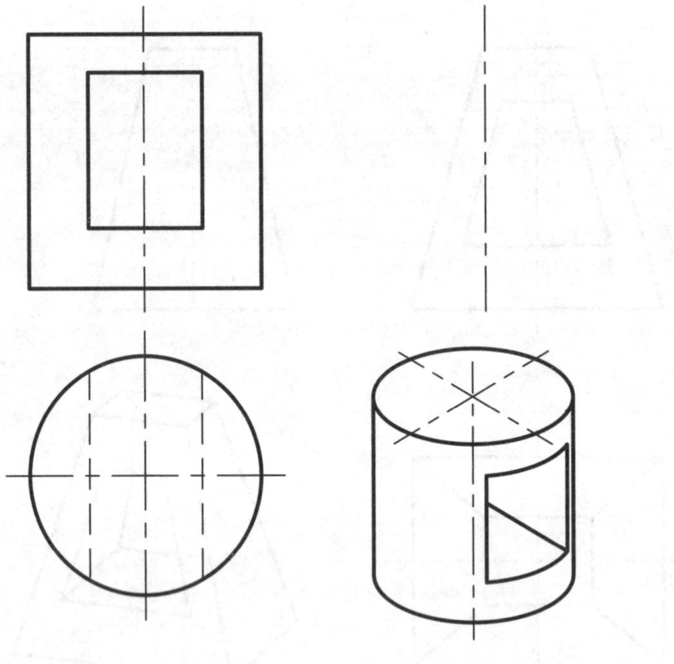

（3）

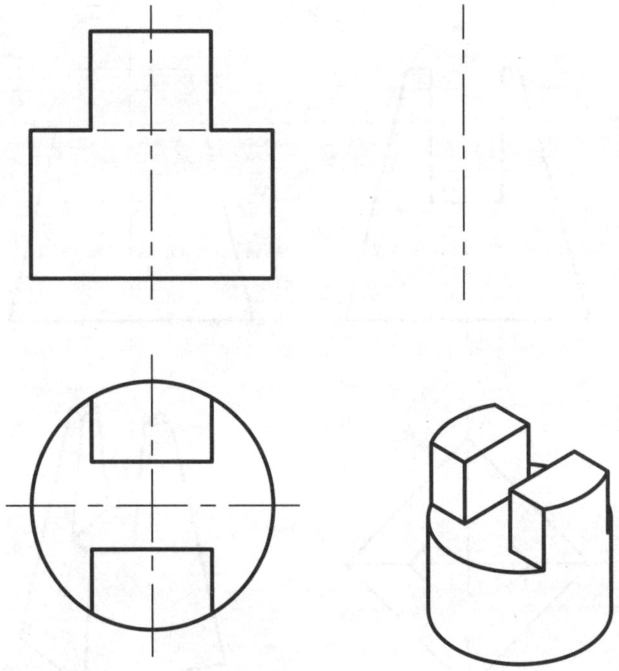

（4）

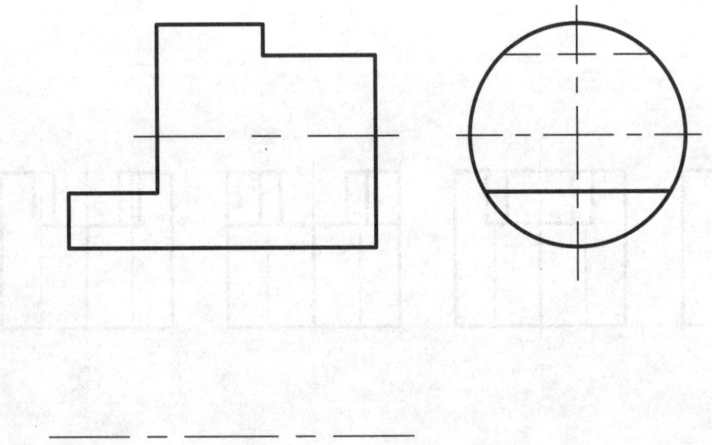

（5）

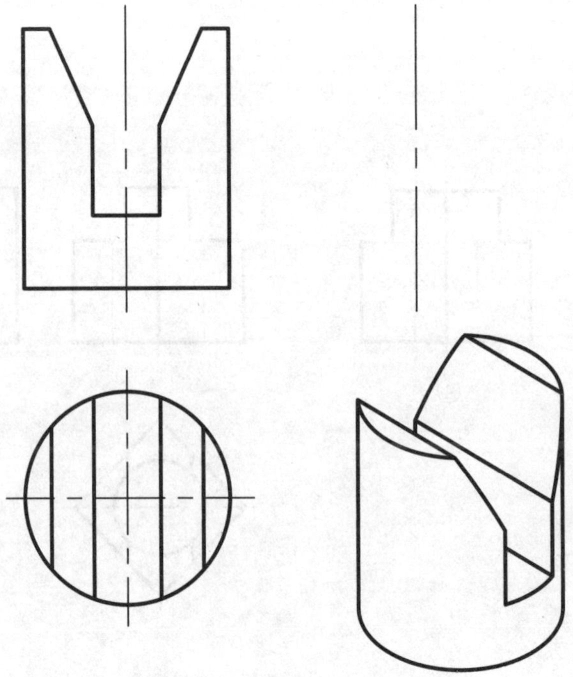

（6）

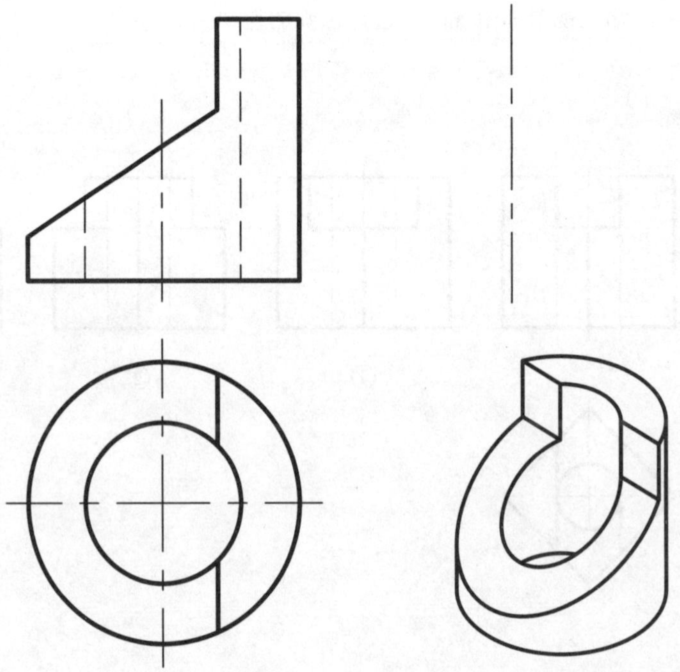

6.分析各立体表面上截交线的形状，补画视图中的漏线及第三视图。

（1）

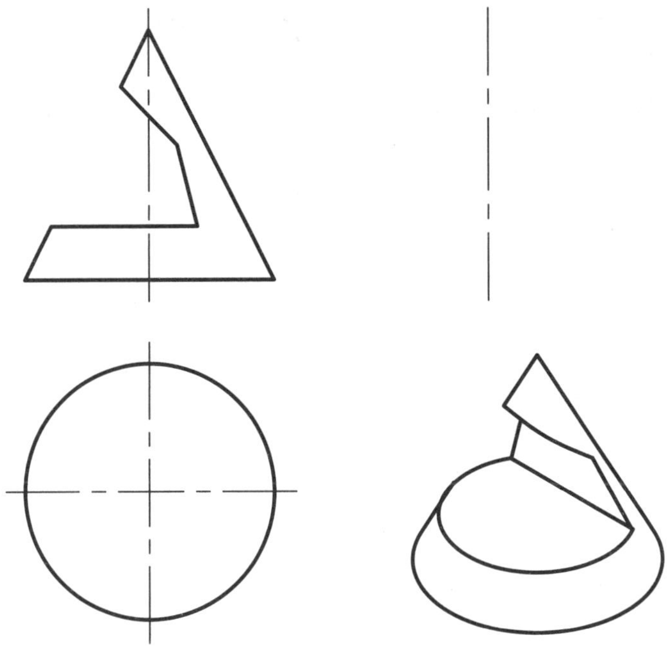

（2）

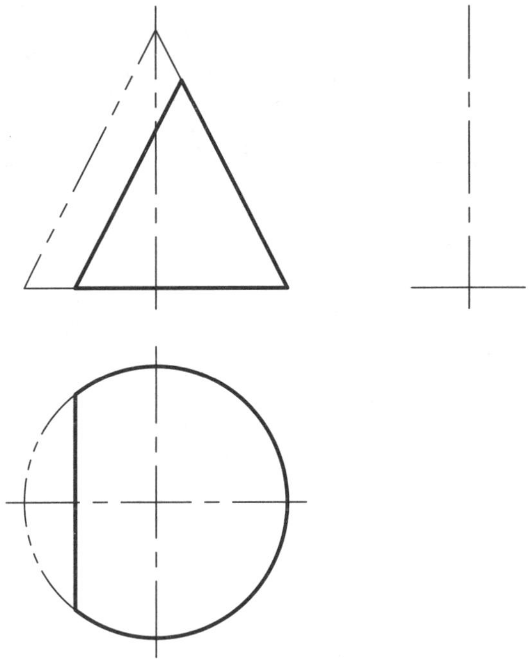

（3）

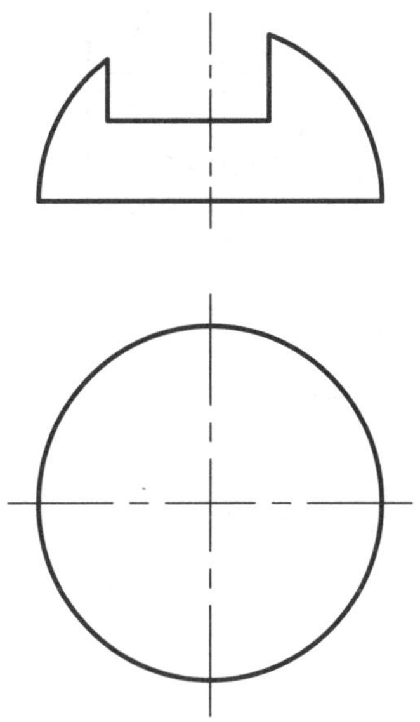

（4）

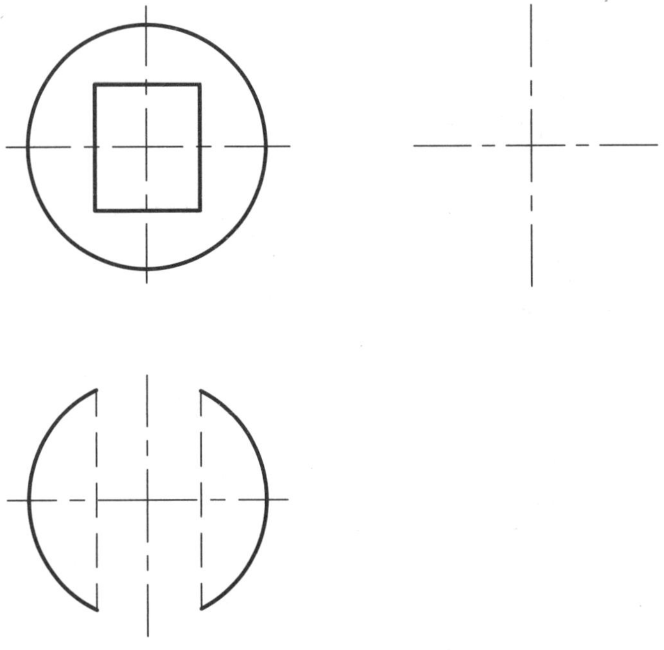

（5）

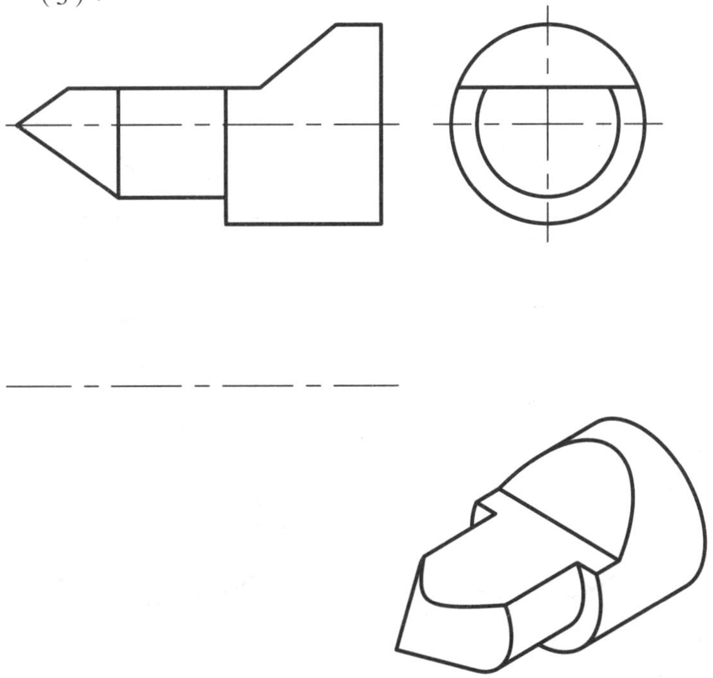

（6）

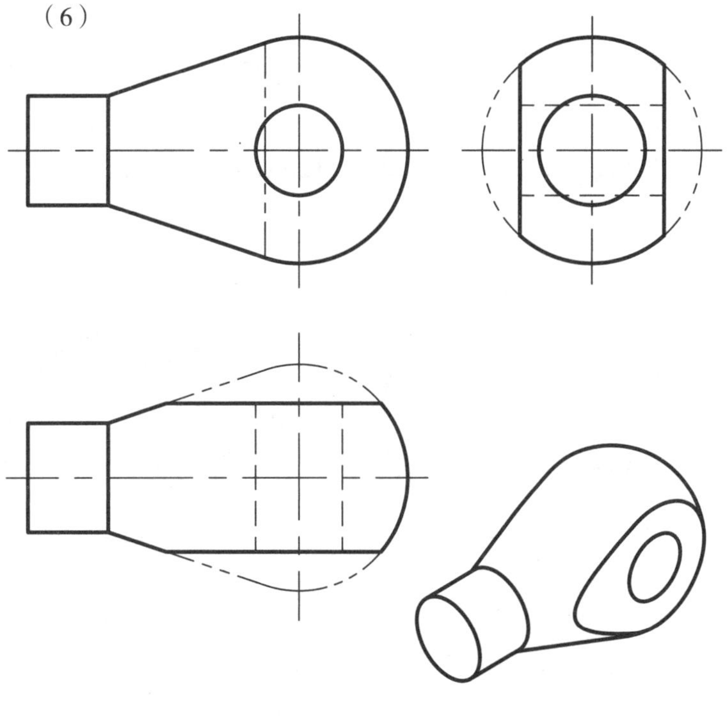

1.分析立体表面的相贯线，补画视图中的漏线。

（1）

（2）

（3）

（4）

（5）

（6）

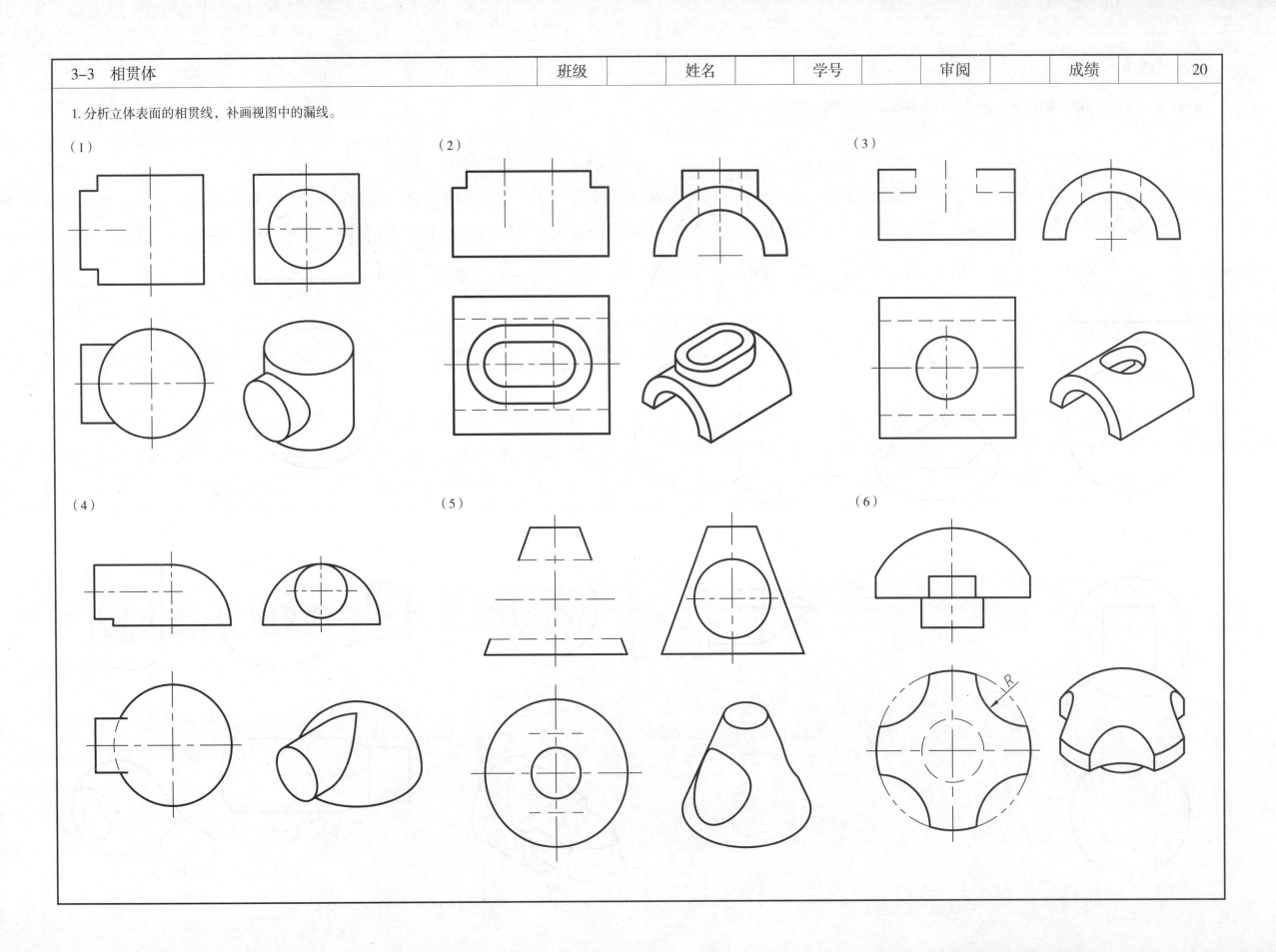

2.分析立体表面的相贯线，补画视图中的漏线。

（1）

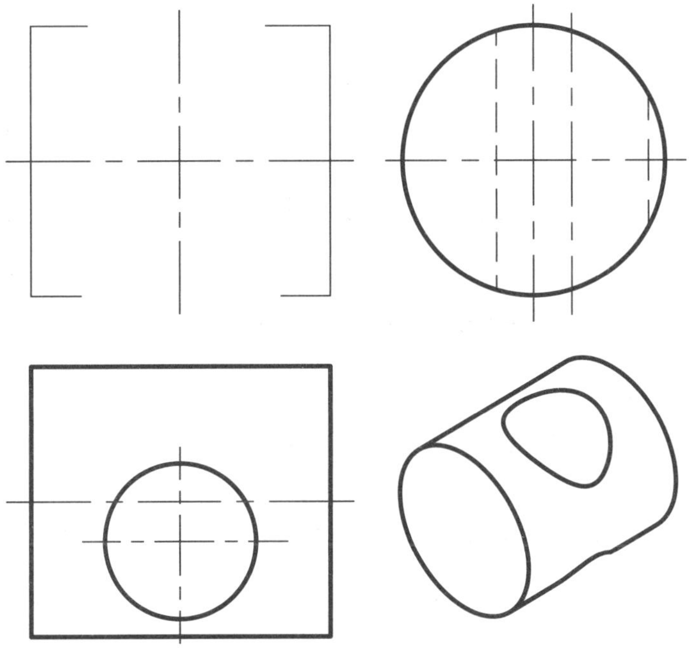

（2）

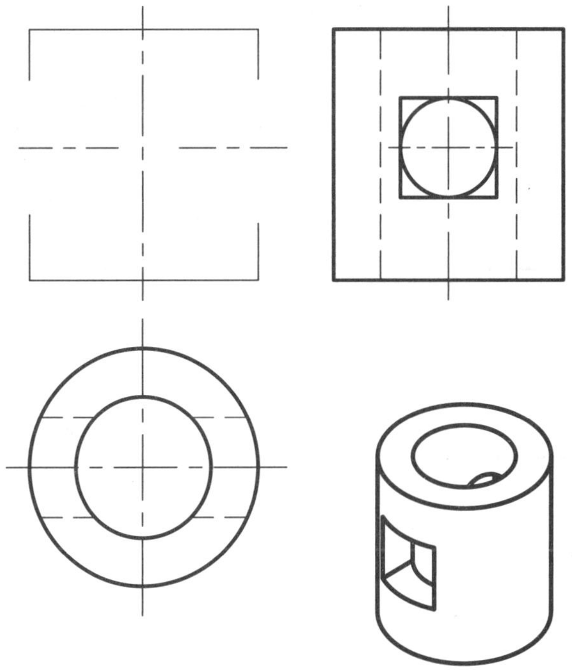

（3）

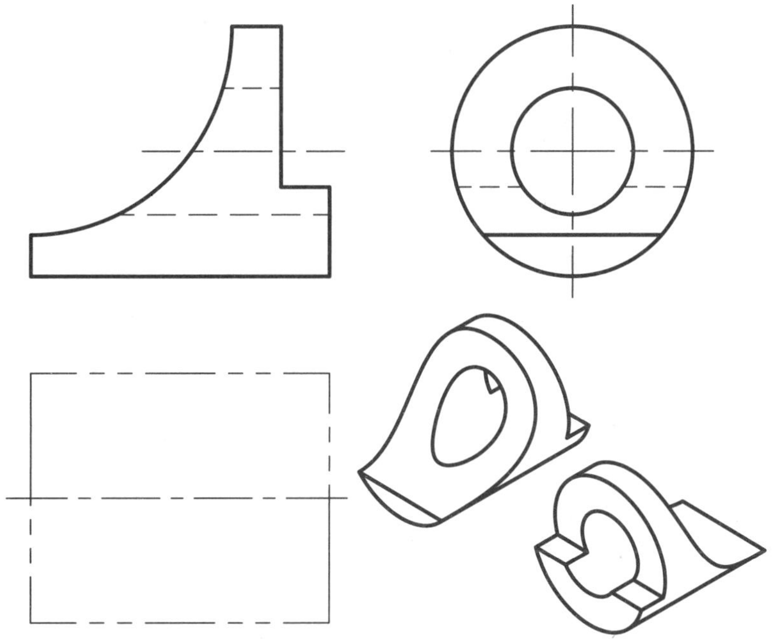

3.分析立体表面相贯线的特殊情况，补画视图中的漏线。

（1）

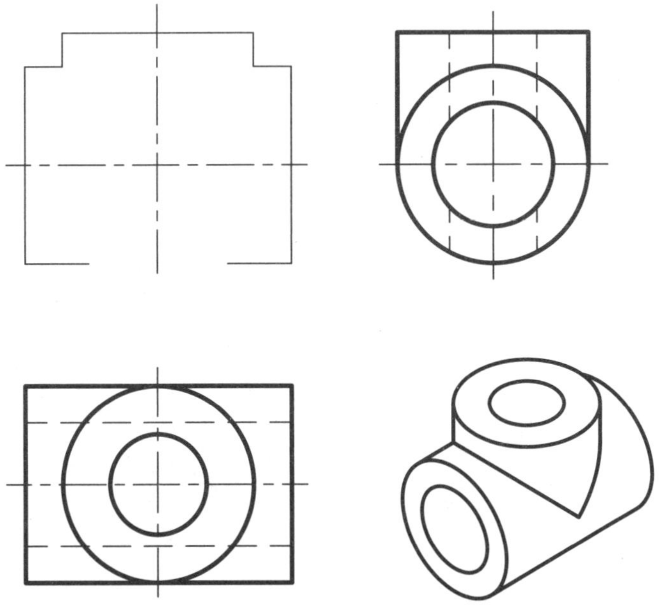

（2）

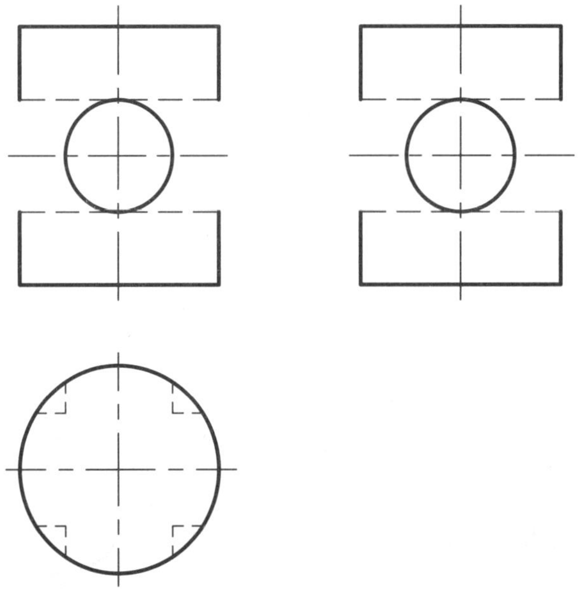

（3）

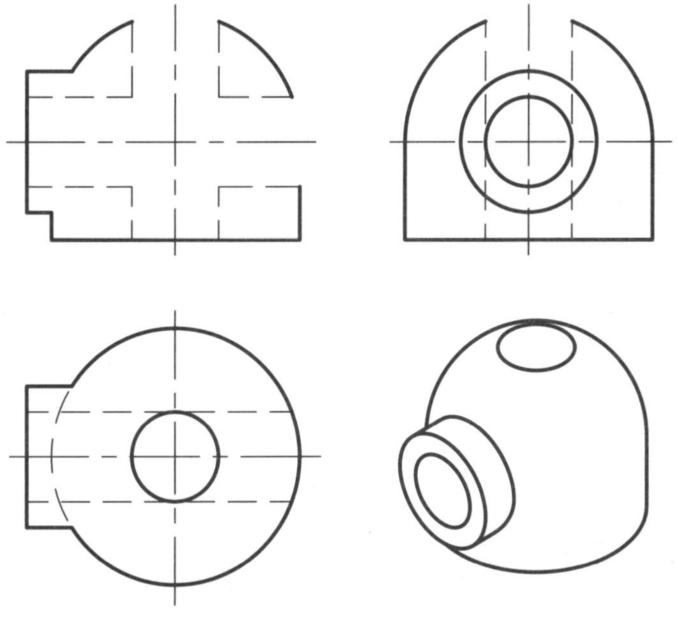

4.分析立体表面的相贯线，补画视图中的漏线。

（1）

（2）

（3）

（4）

（5）

（6）

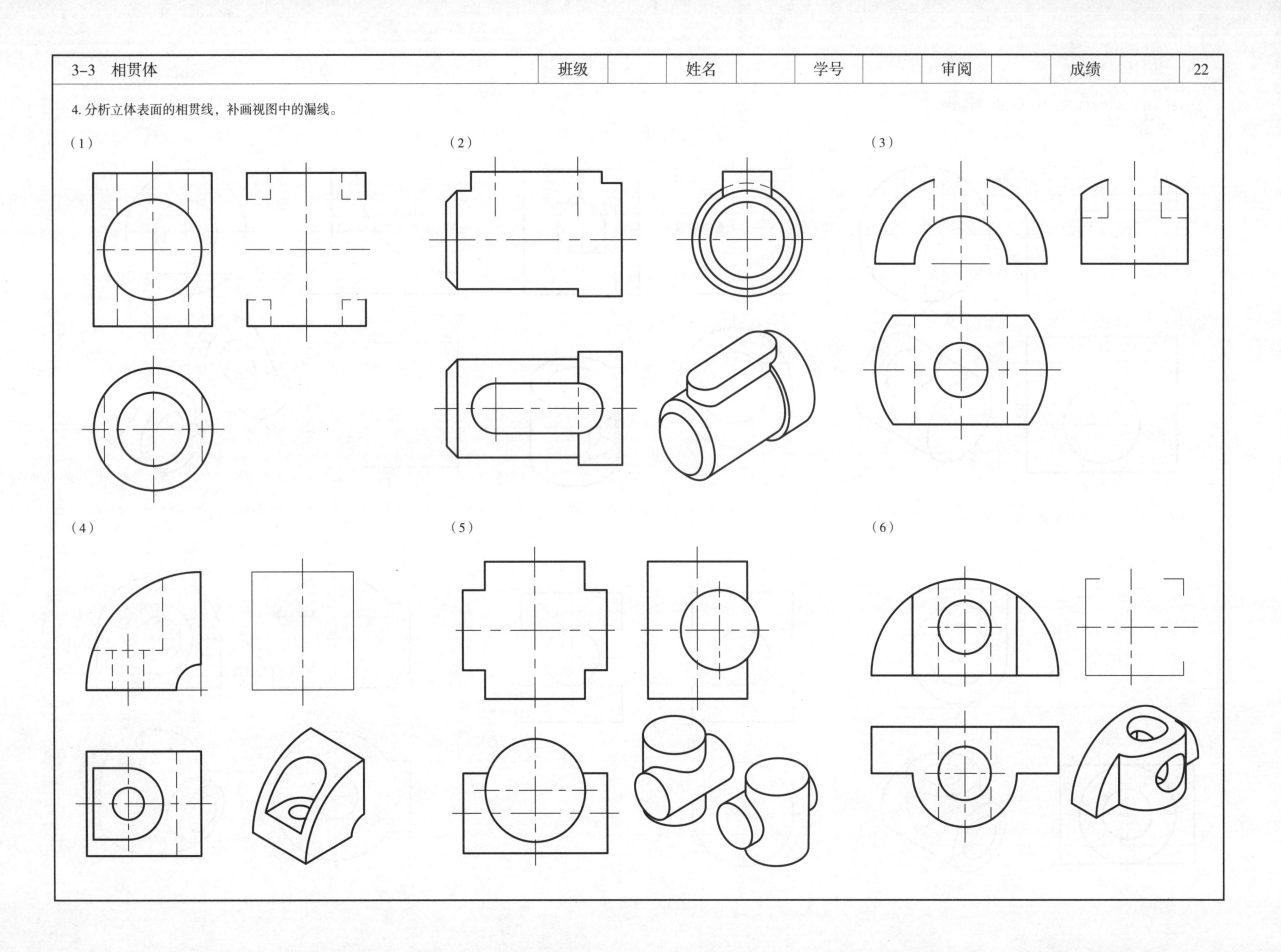

（1）

（2）

（3）

（4）

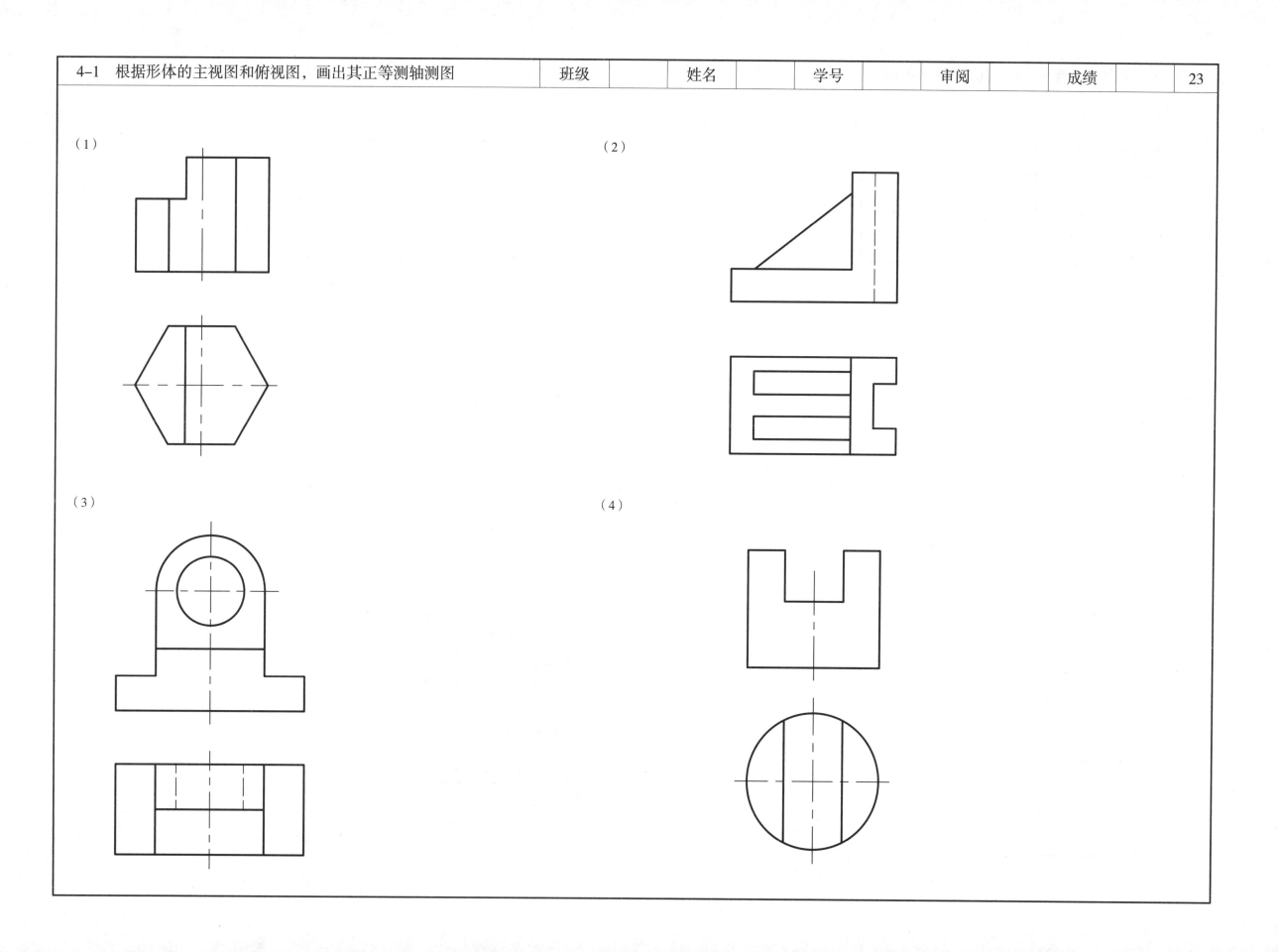

（1）

（2）

4-3　根据形体的主视图和俯视图，画出其斜二测轴测图

（1）

（2）

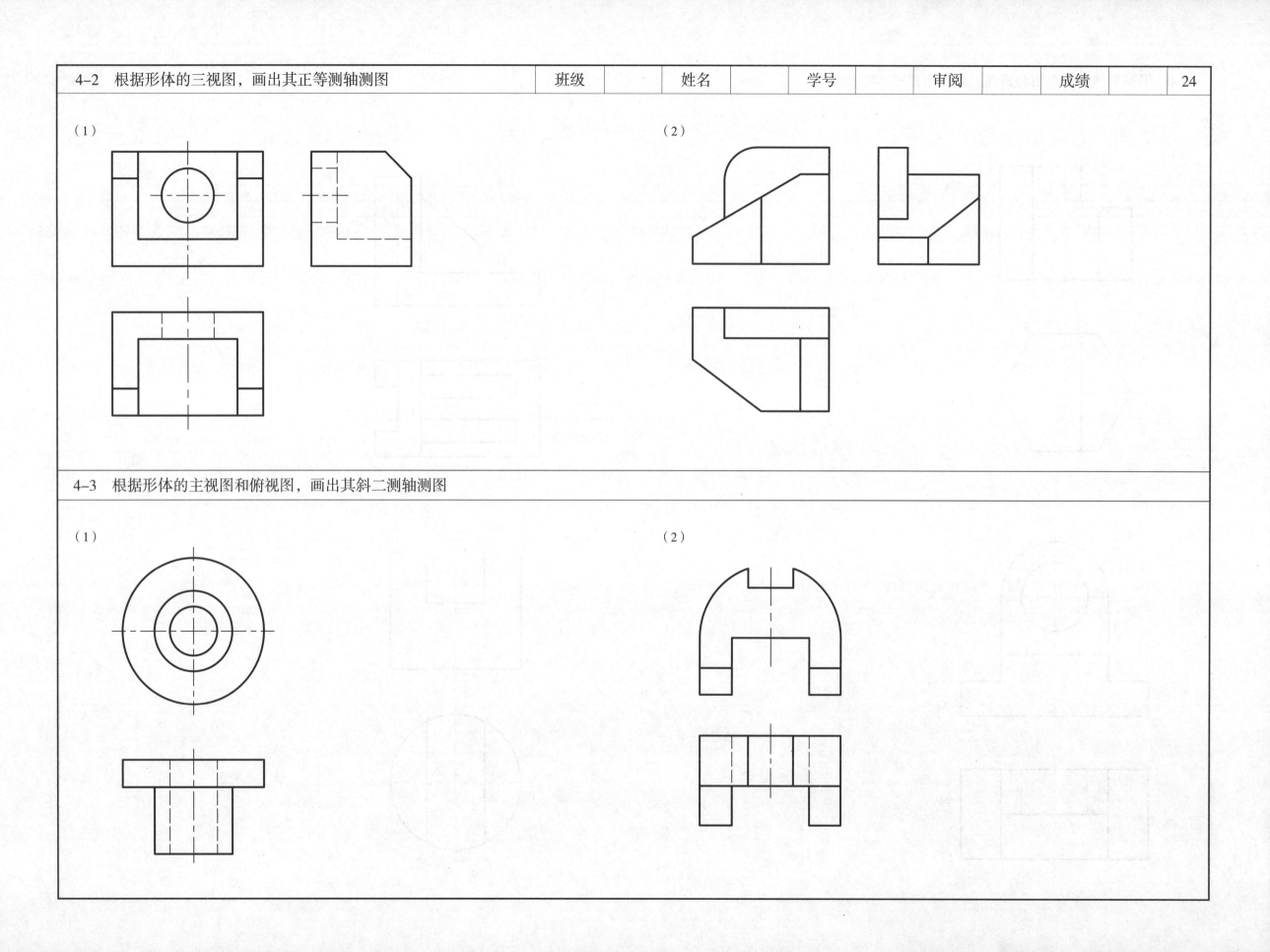

（1）　　　　　　　　　（2）　　　　　　　　　（3）　　　　　　　　　（4）

（5）　　　　　　　　　（6）　　　　　　　　　（7）　　　　　　　　　（8）

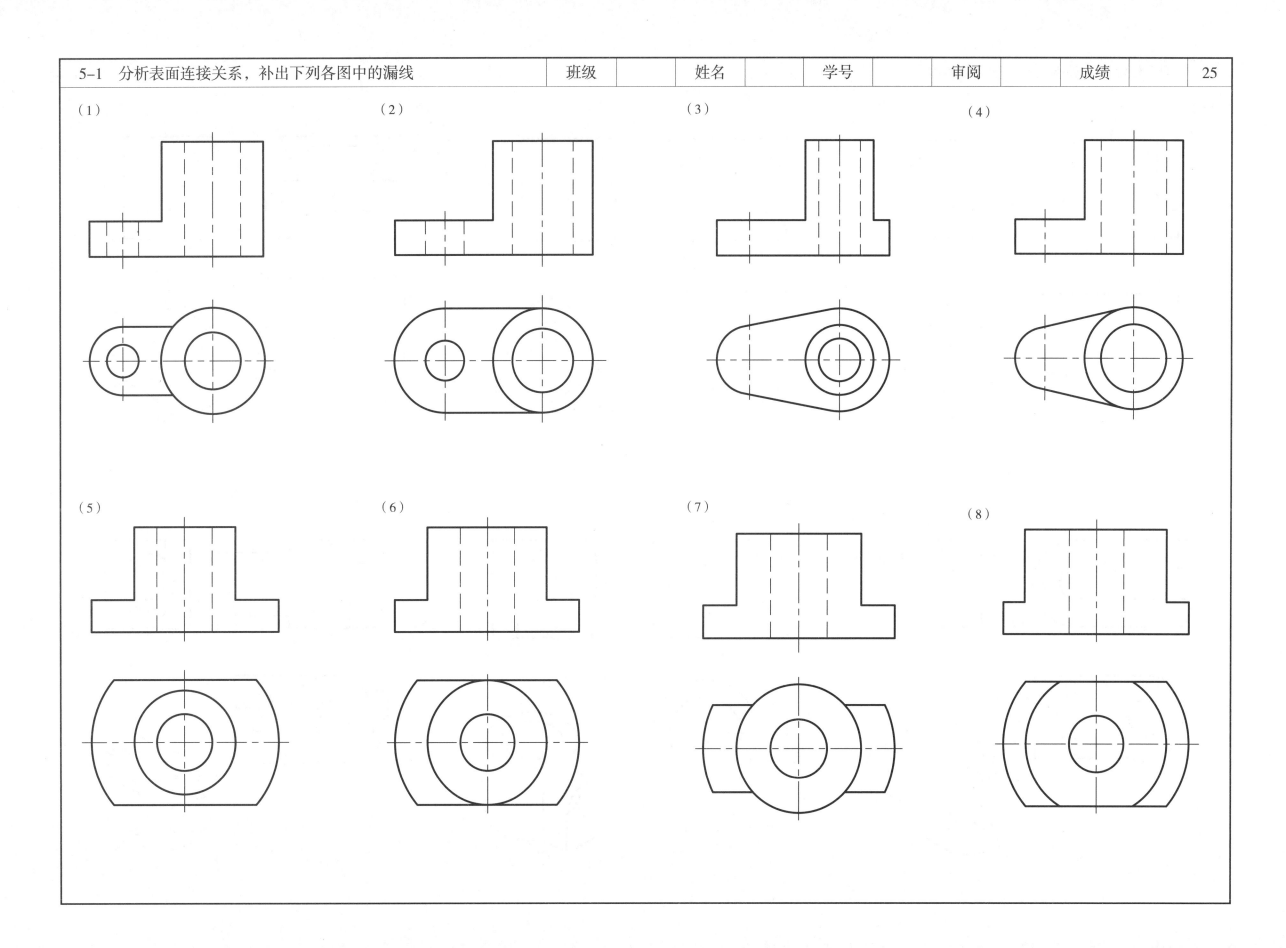

（1）　　　　（2）　　　　（3）

（4）　　　　（5）　　　　（6）

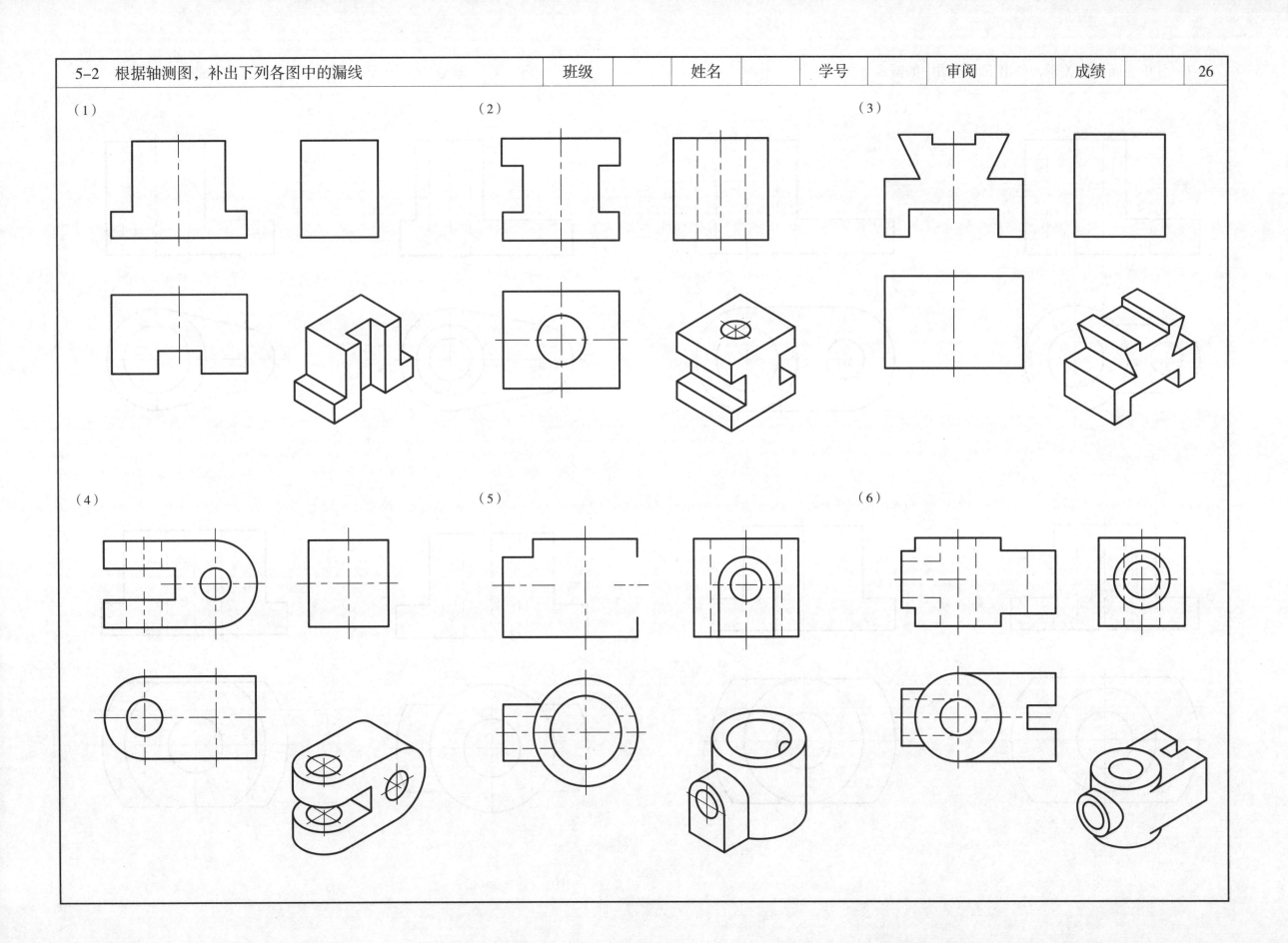

（1）　　　　　　　　　　　　　　　　　　（2）　　　　　　　　　　　　　　　　　　（3）

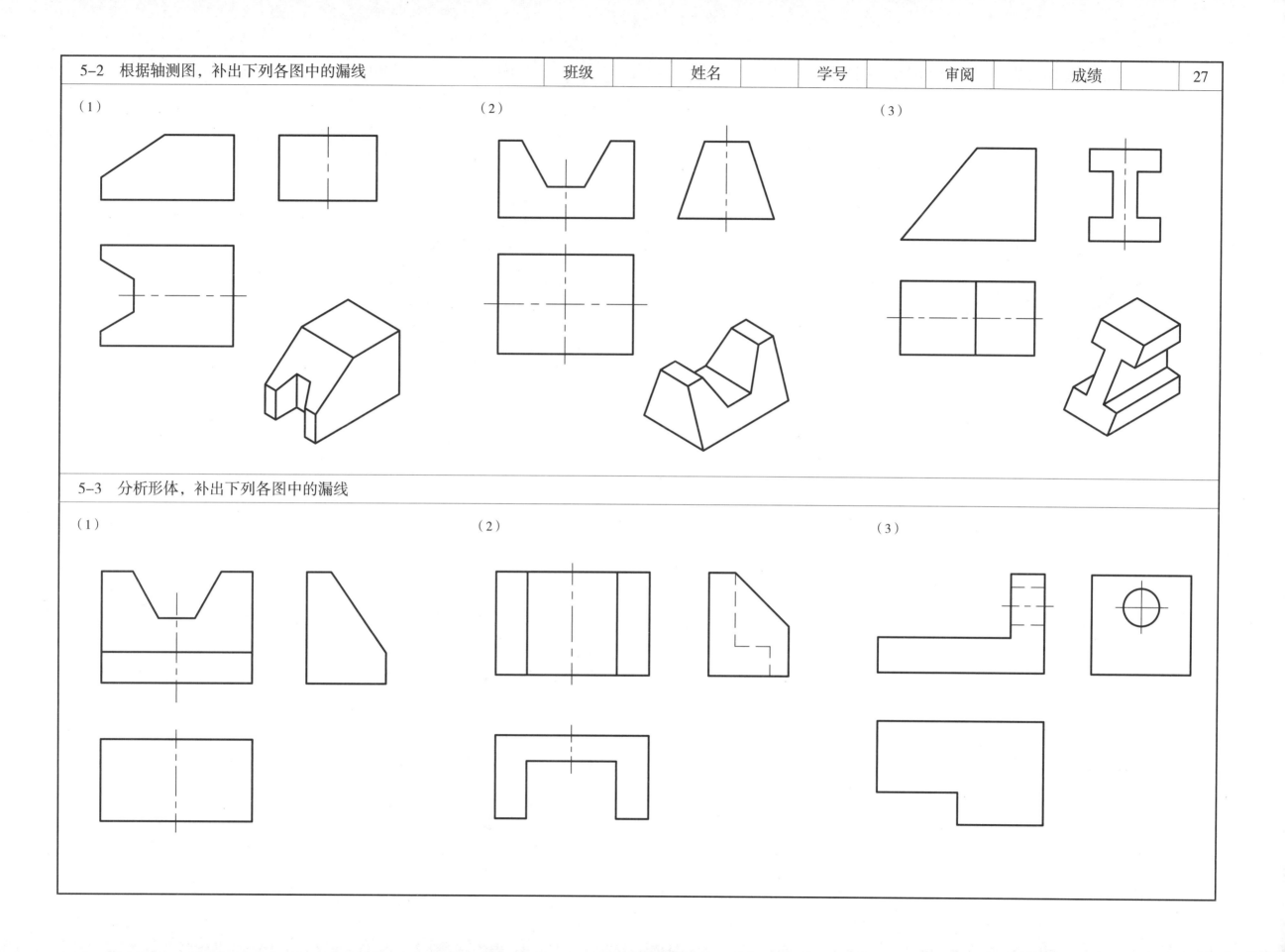

5-3 分析形体，补出下列各图中的漏线

（1）　　　　　　　　　　　　　　　　　　（2）　　　　　　　　　　　　　　　　　　（3）

（1）

（2）

（3）

（4）

（1）

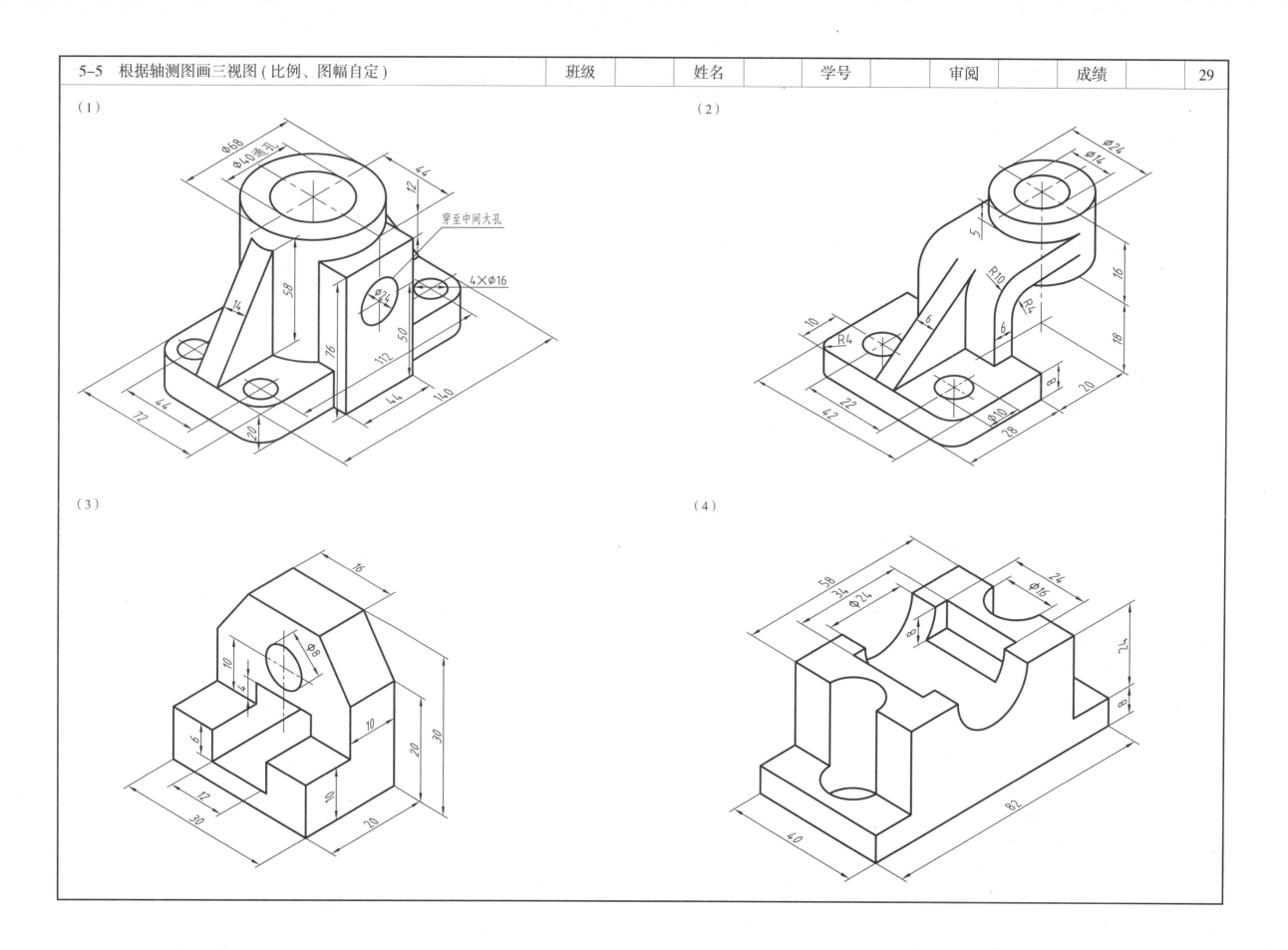

（2）

（3）

（4）

（1）

（2）

（3）

（4）

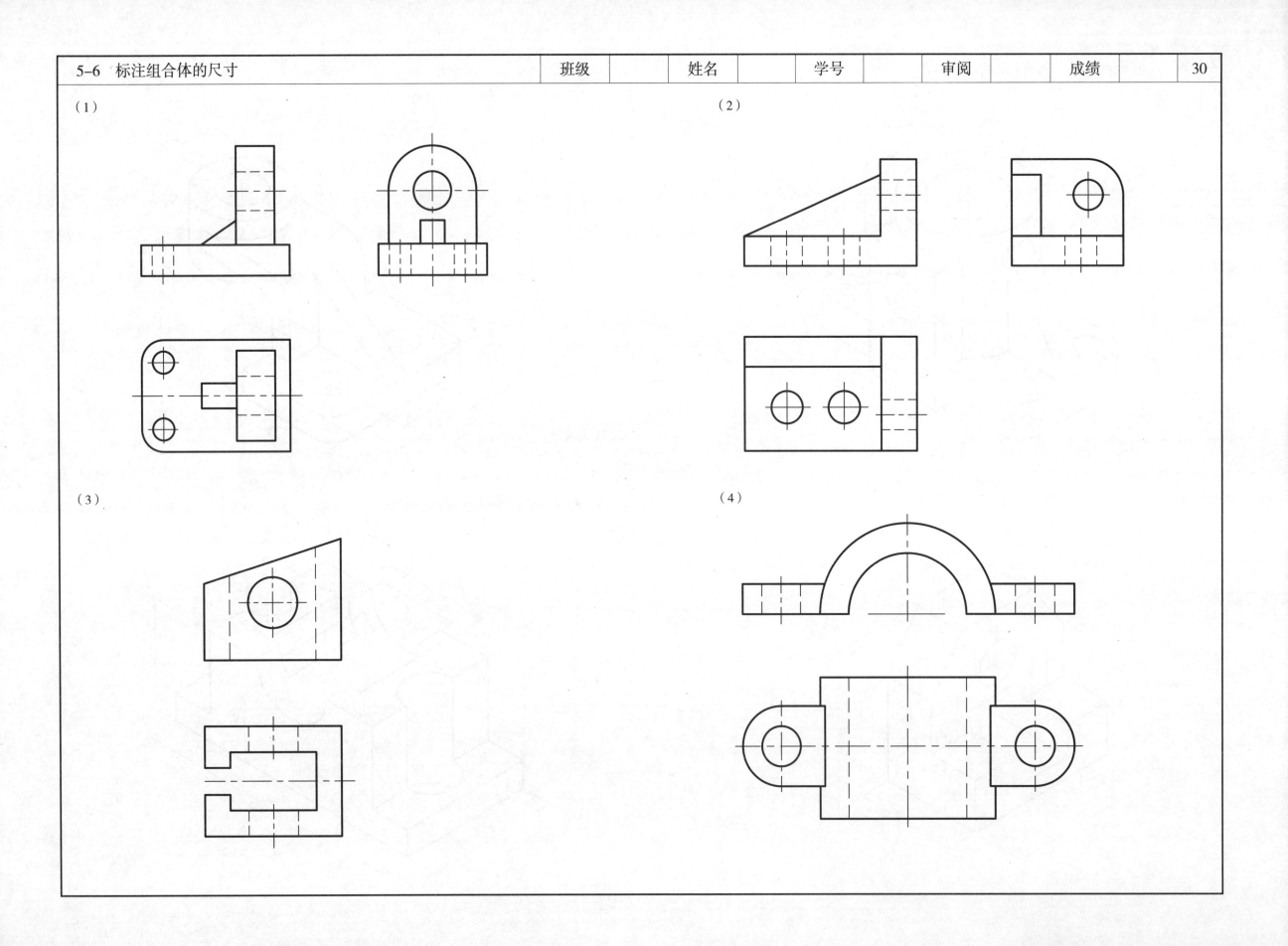

1. 对形体做出分析，徒手绘出轴测图，并找出正确的左视图。

（1）

（2）

（3）

（4）

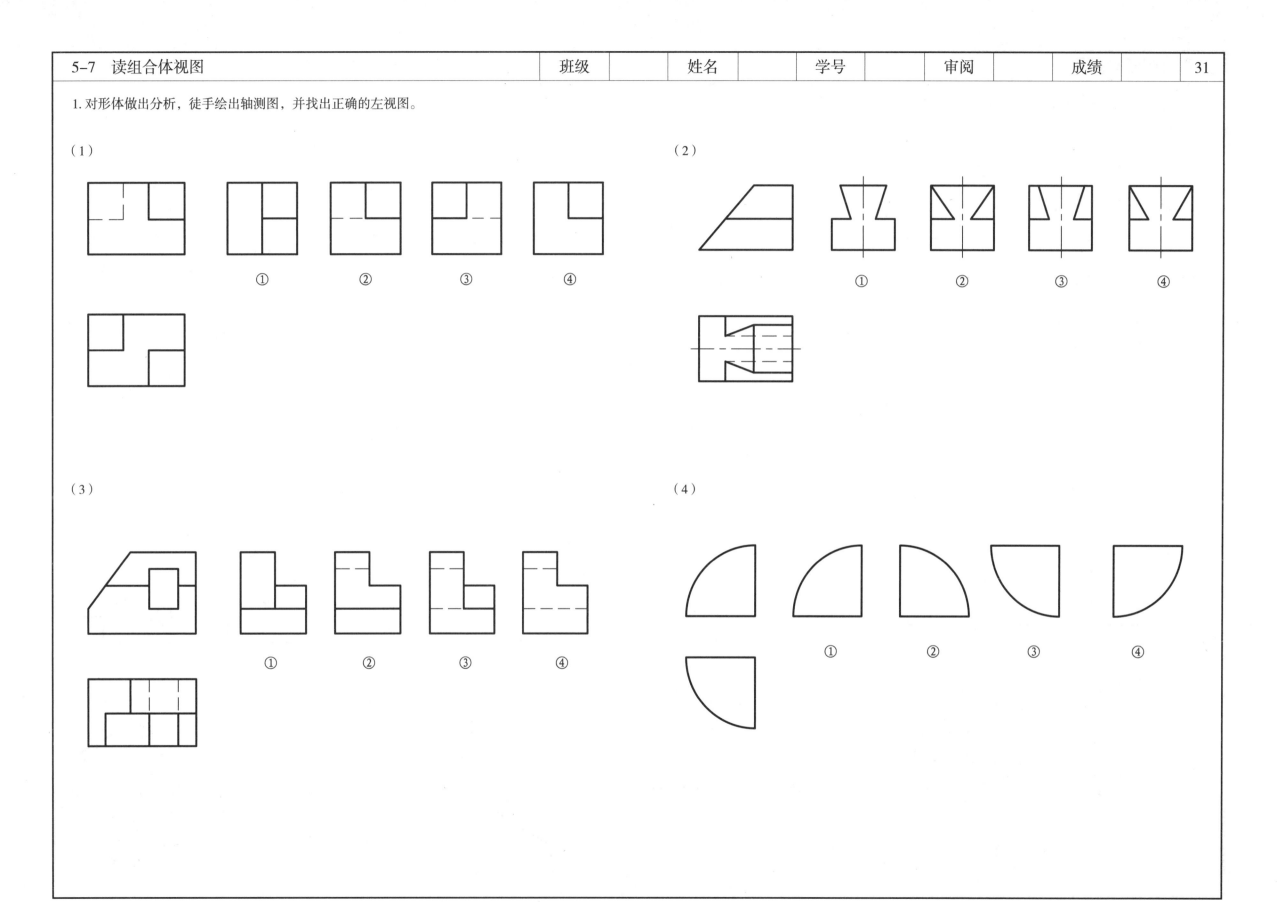

2.分析组合体的形状，补出视图中的漏线。

（1）

（2）

（3）

（4）

（5）

（6）

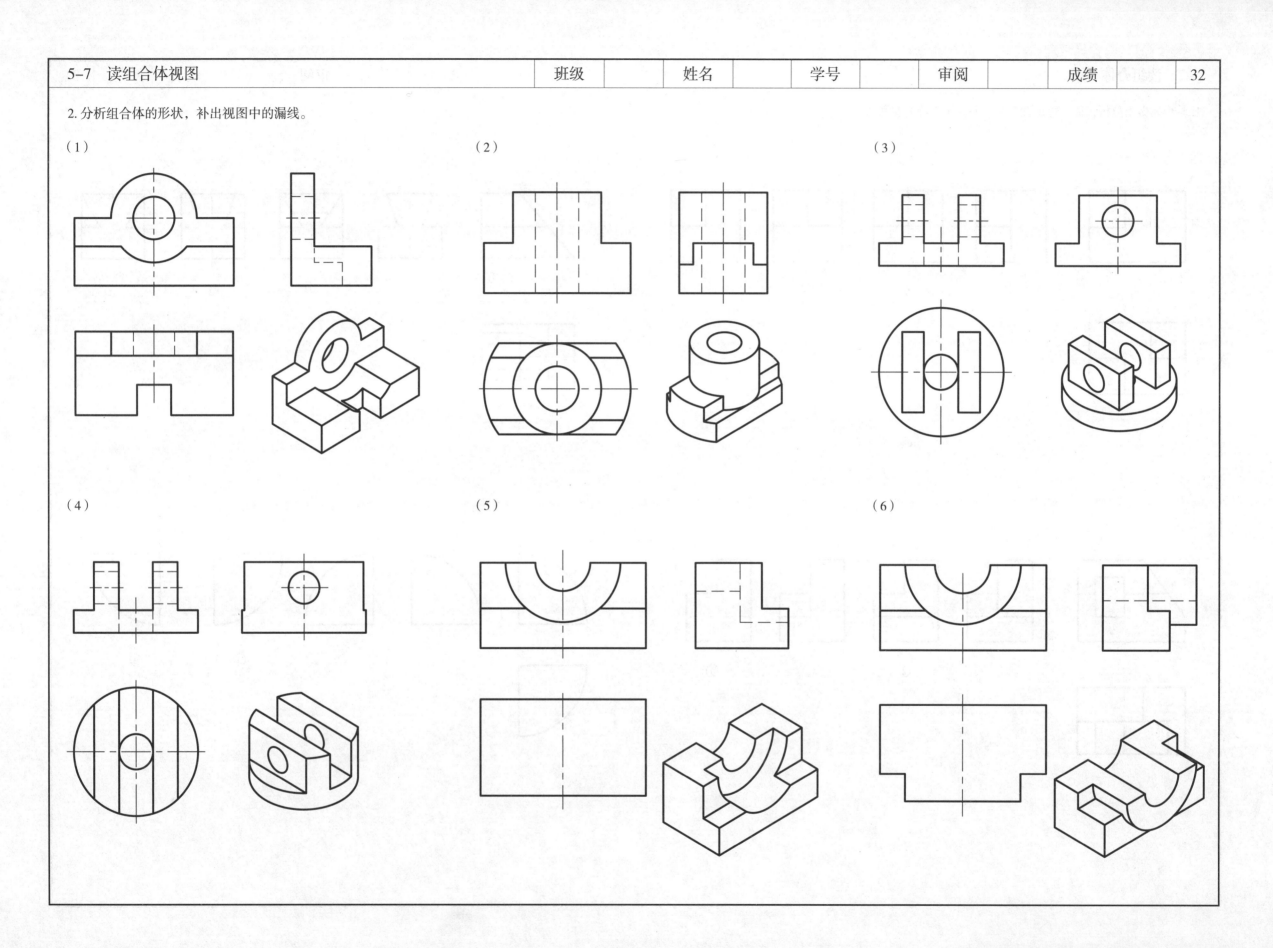

3.根据组合体的两面视图，分析其形状并画出第三视图。

（1）　　　　　　　　　　　　　　（2）　　　　　　　　　　　　　　（3）

（4）　　　　　　　　　　　　　　（5）　　　　　　　　　　　　　　（6）

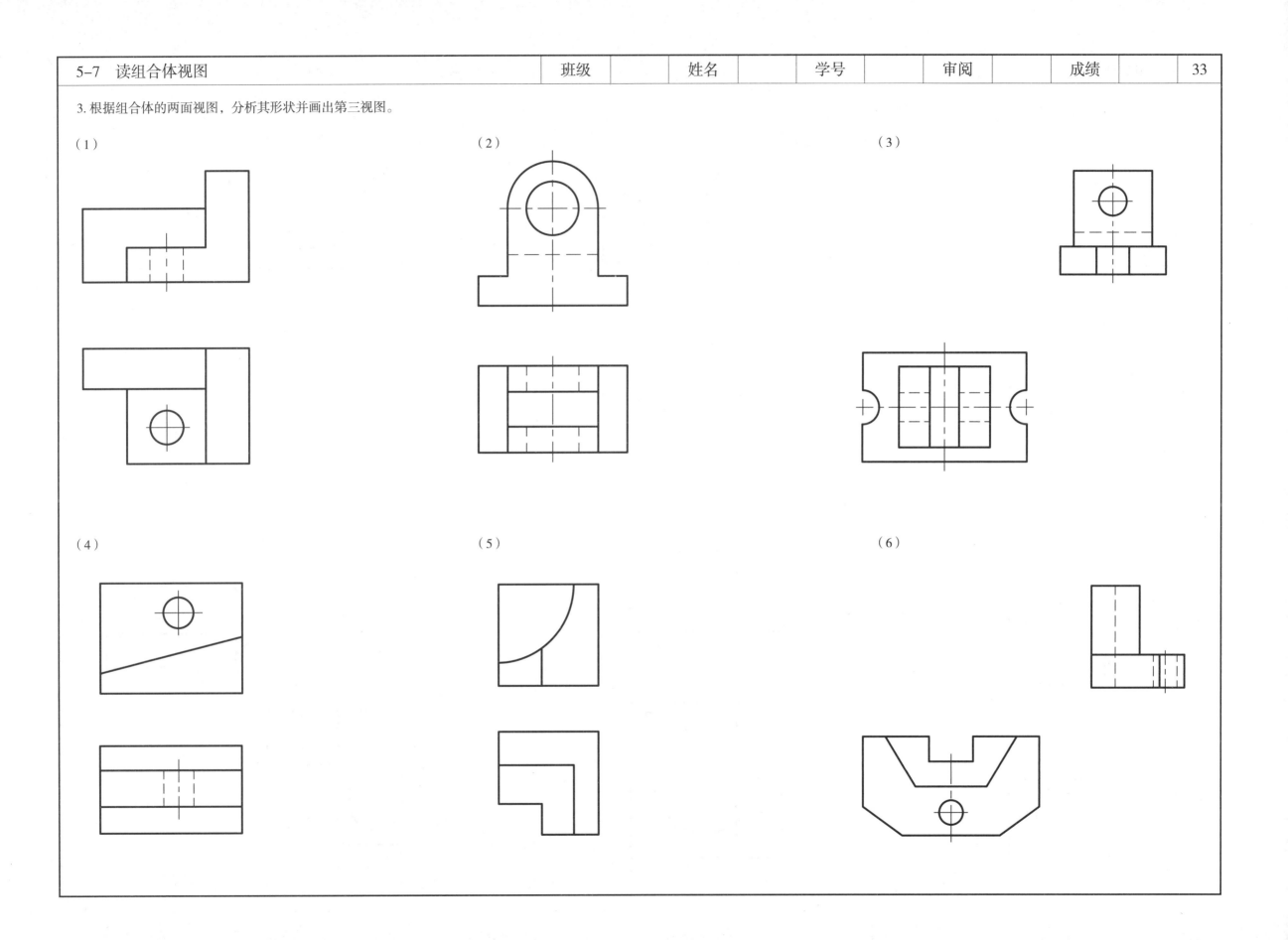

4.根据组合体的两面视图，分析其形状并画出第三视图。

（1）

（2）

（3）

（4）

（5）

（6）

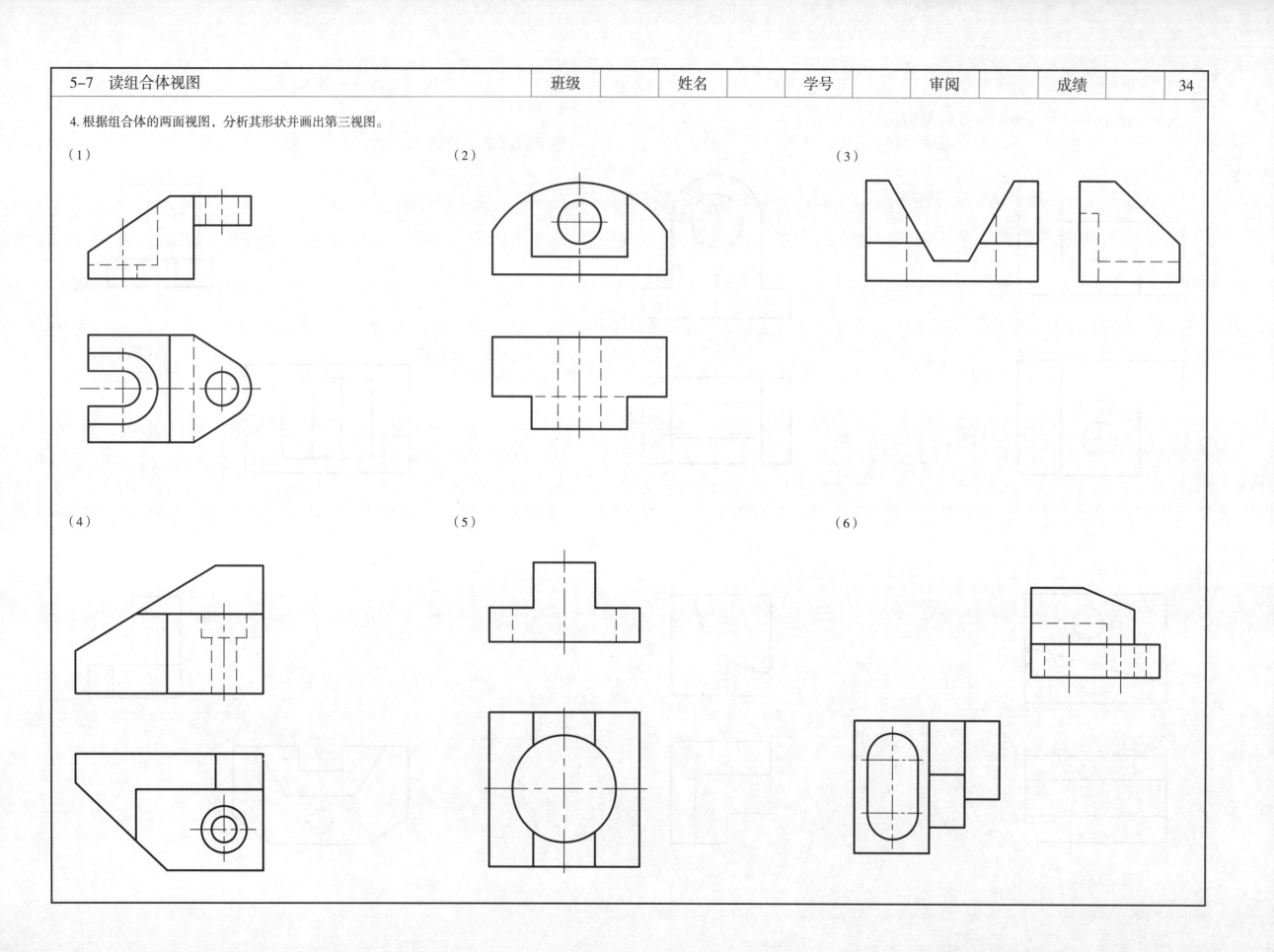

5. 根据组合体的两面视图，分析其形状并画出第三视图。

（1）

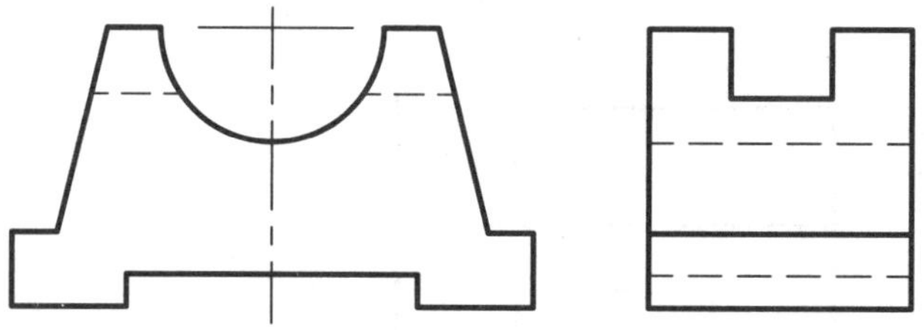

（2）

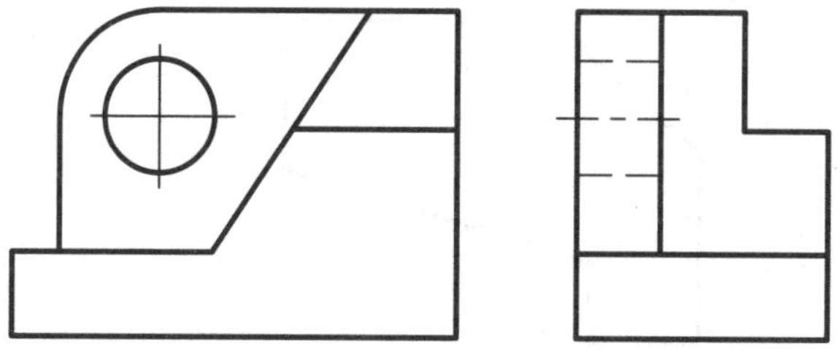

（3）

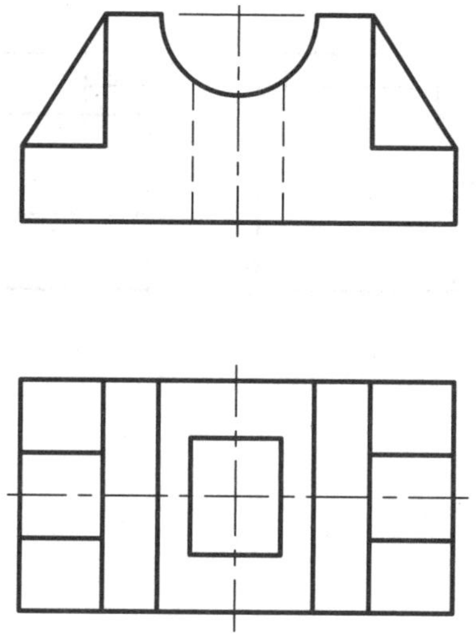

（4）

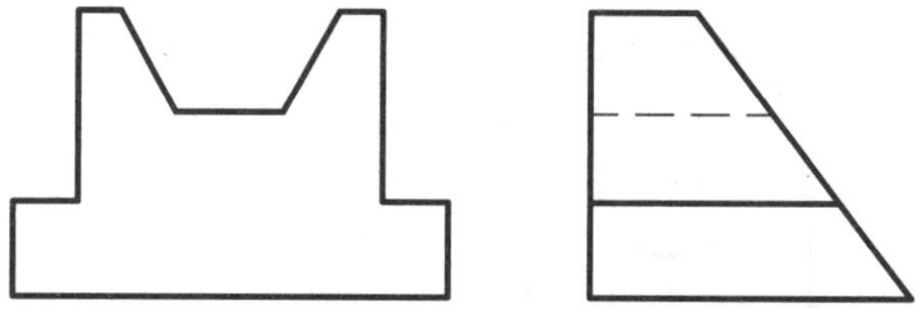

（5）

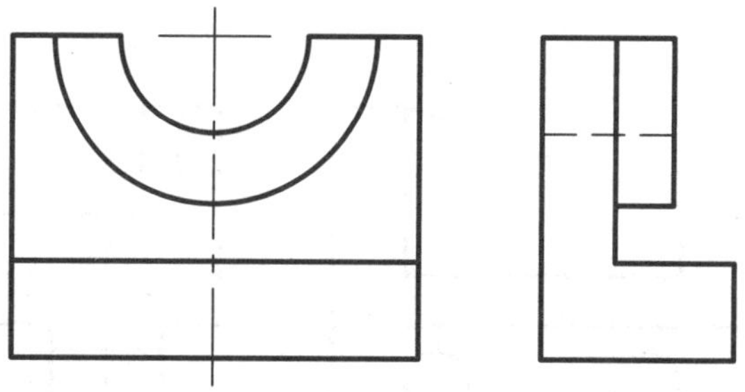

（6）

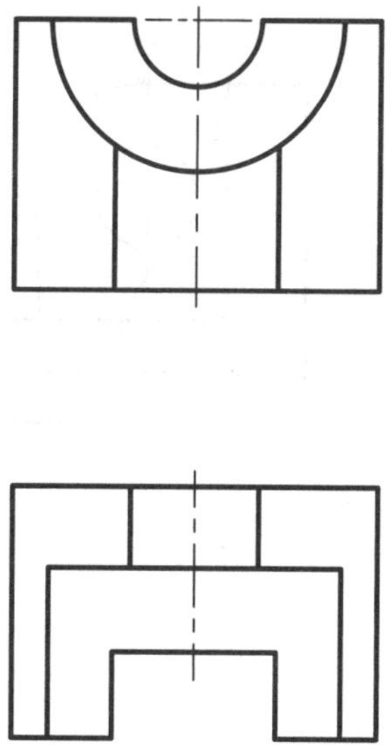

6. 根据组合体的两面视图，分析其形状并画出第三视图。

（1）

（2）

（3）

（4）

（5）

（6）

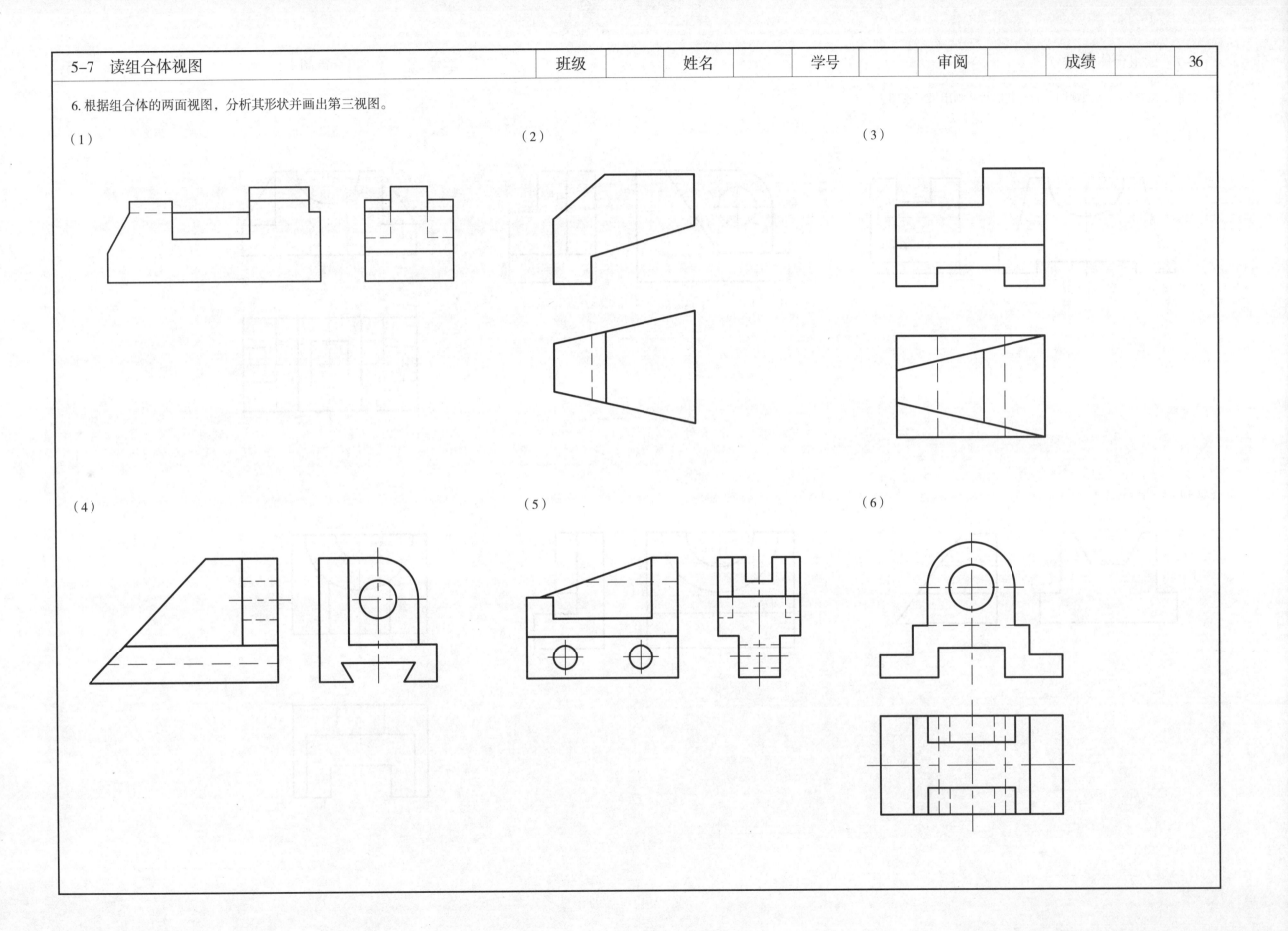

5-7　读组合体视图	班级		姓名		学号		审阅		成绩		37

7. 根据组合体的两面视图，分析其形状并画出第三视图。

（1）

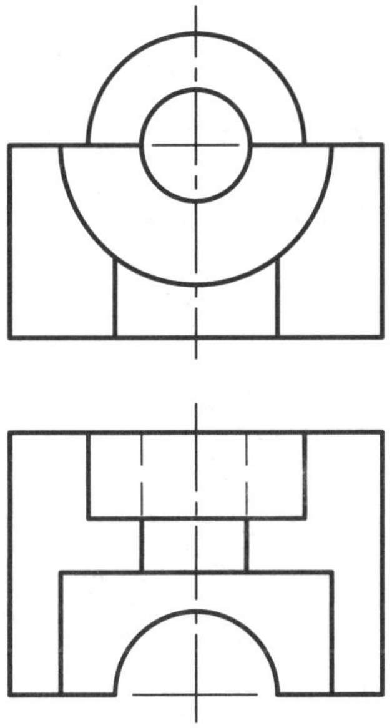

（2）

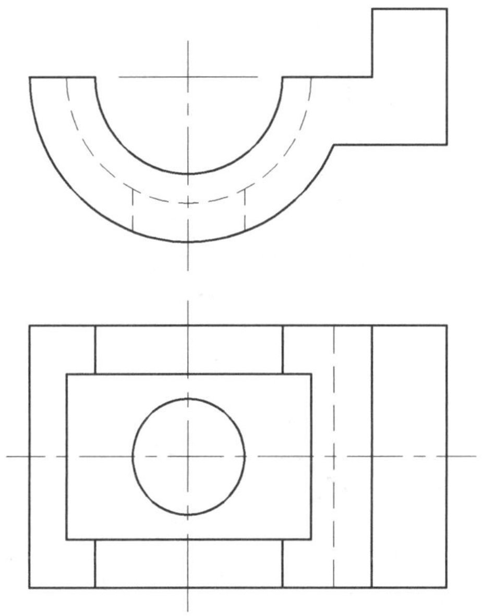

（3）

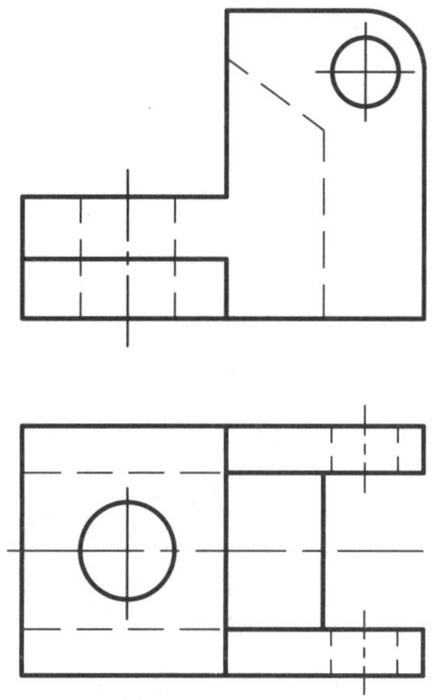

（4）

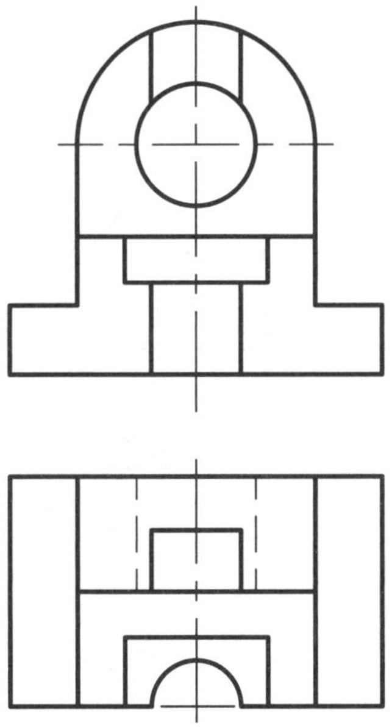

（5）

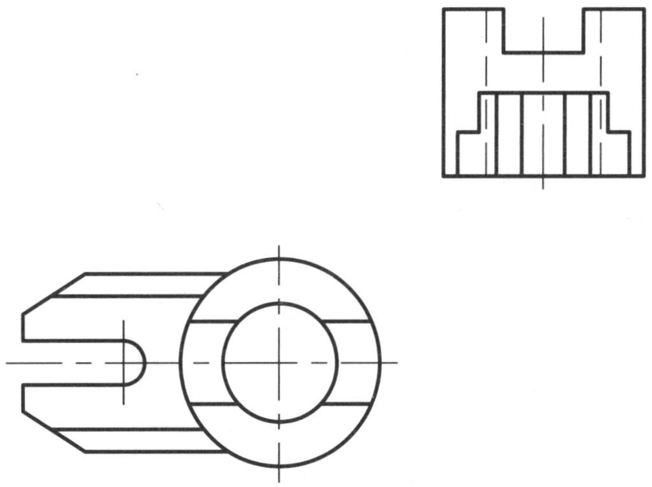

（6）

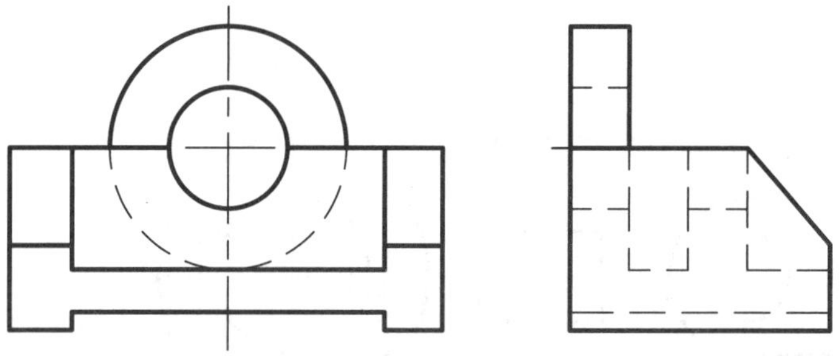

8.根据组合体的两面视图，分析其形状并画出第三视图。

（1）

（2）

（3）

（4）

（5）

（6）

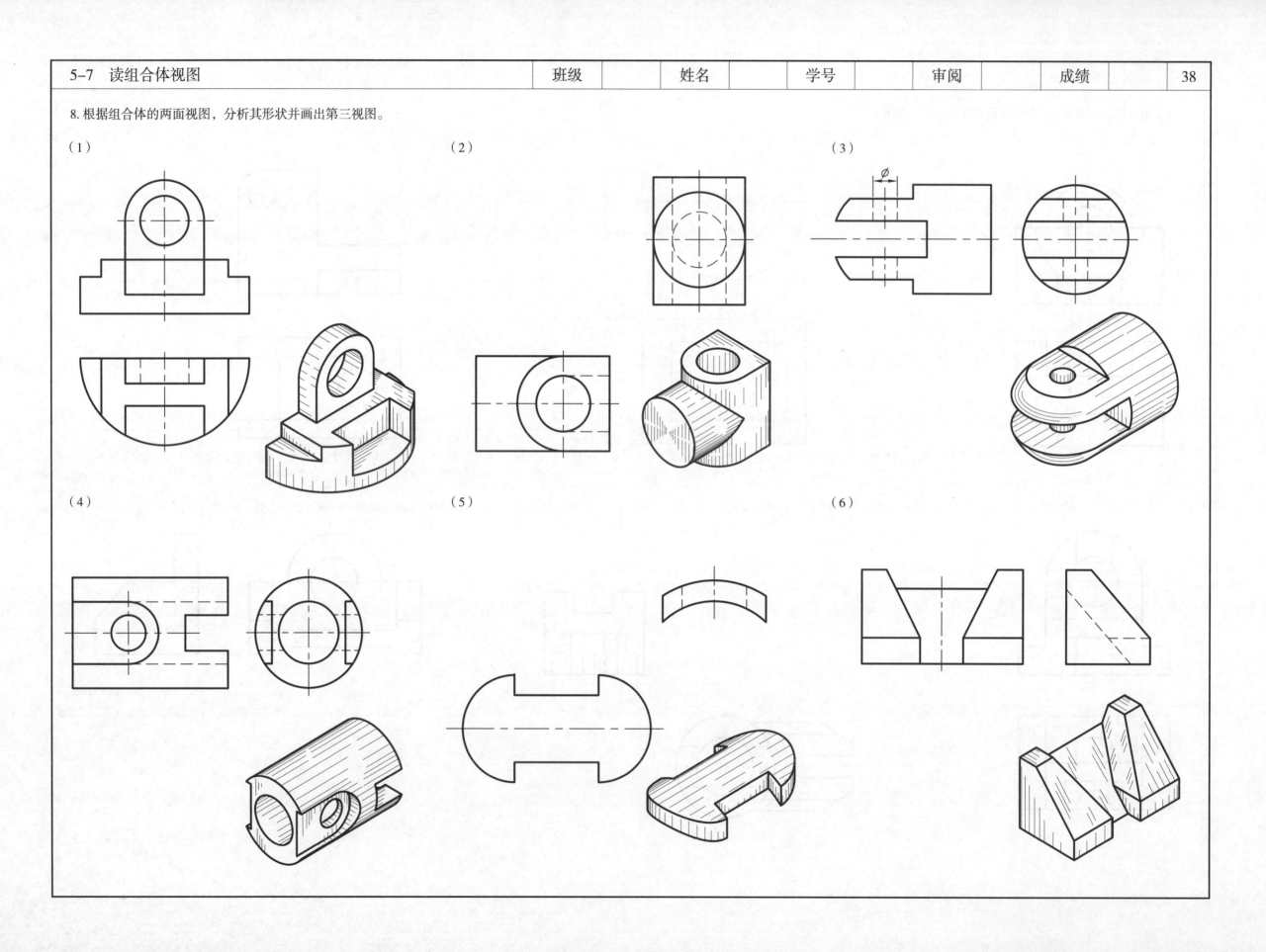

1.画出机件的左视图和右视图。

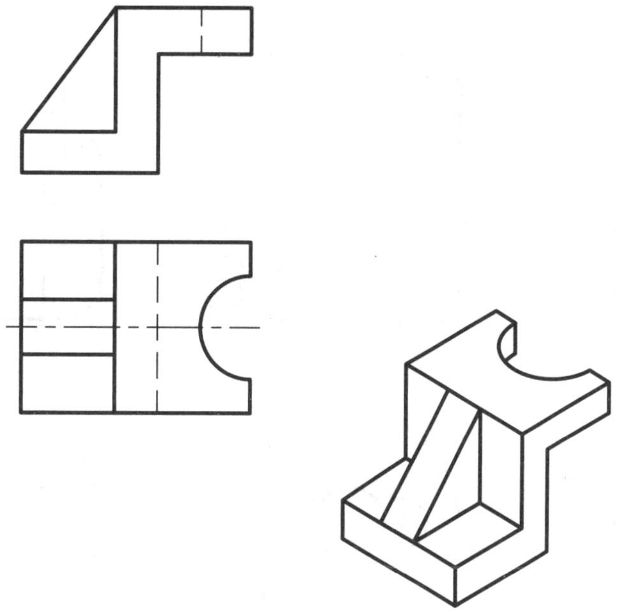

2.画出机件的仰视图和后视图。

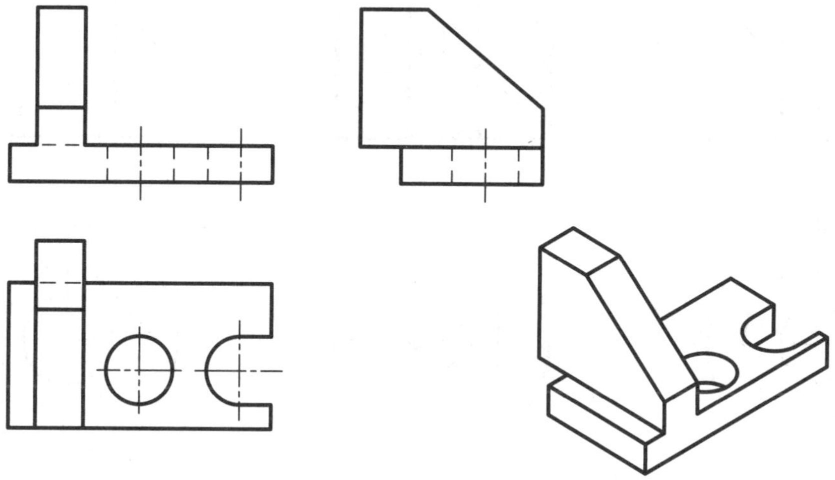

3.画出 *A*、*B*、*C* 向局部视图。

（1）

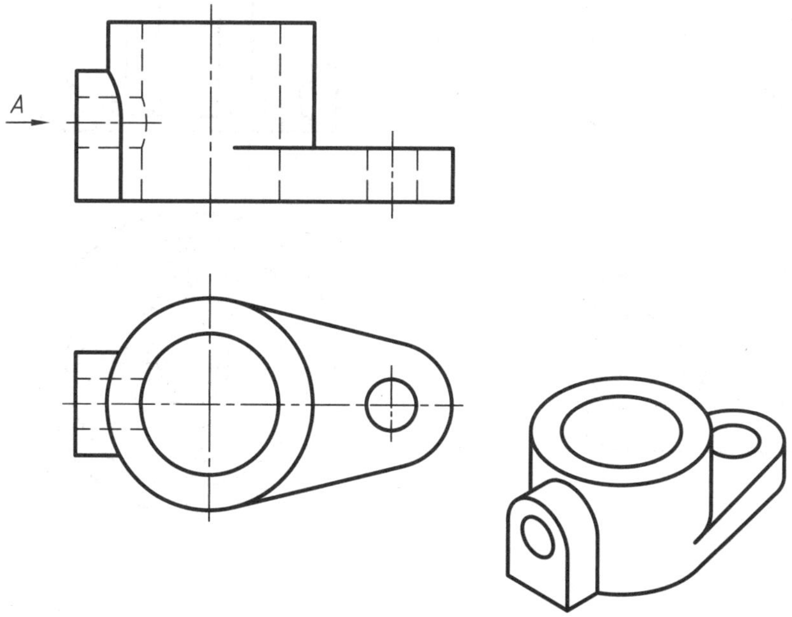

（2）

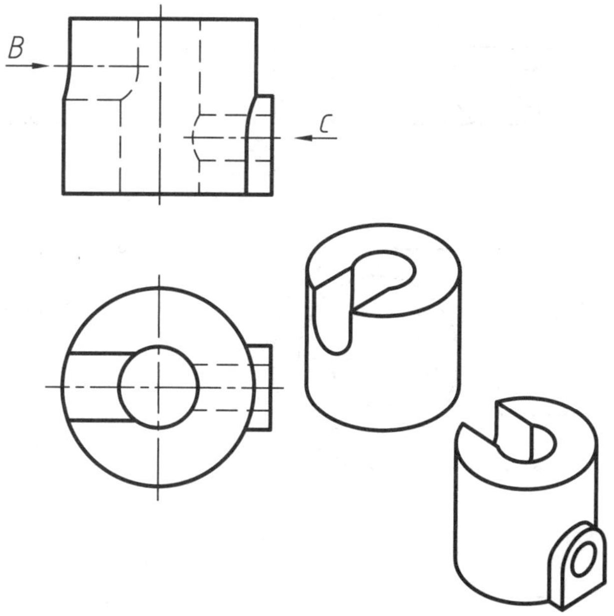

4.画出 *B* 向斜视图。

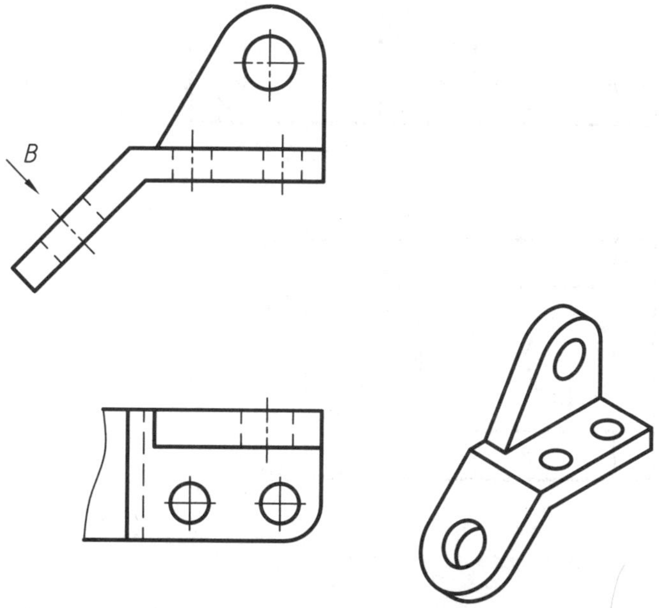

A

B

C

B

1. 补画下列剖视图中的漏线。

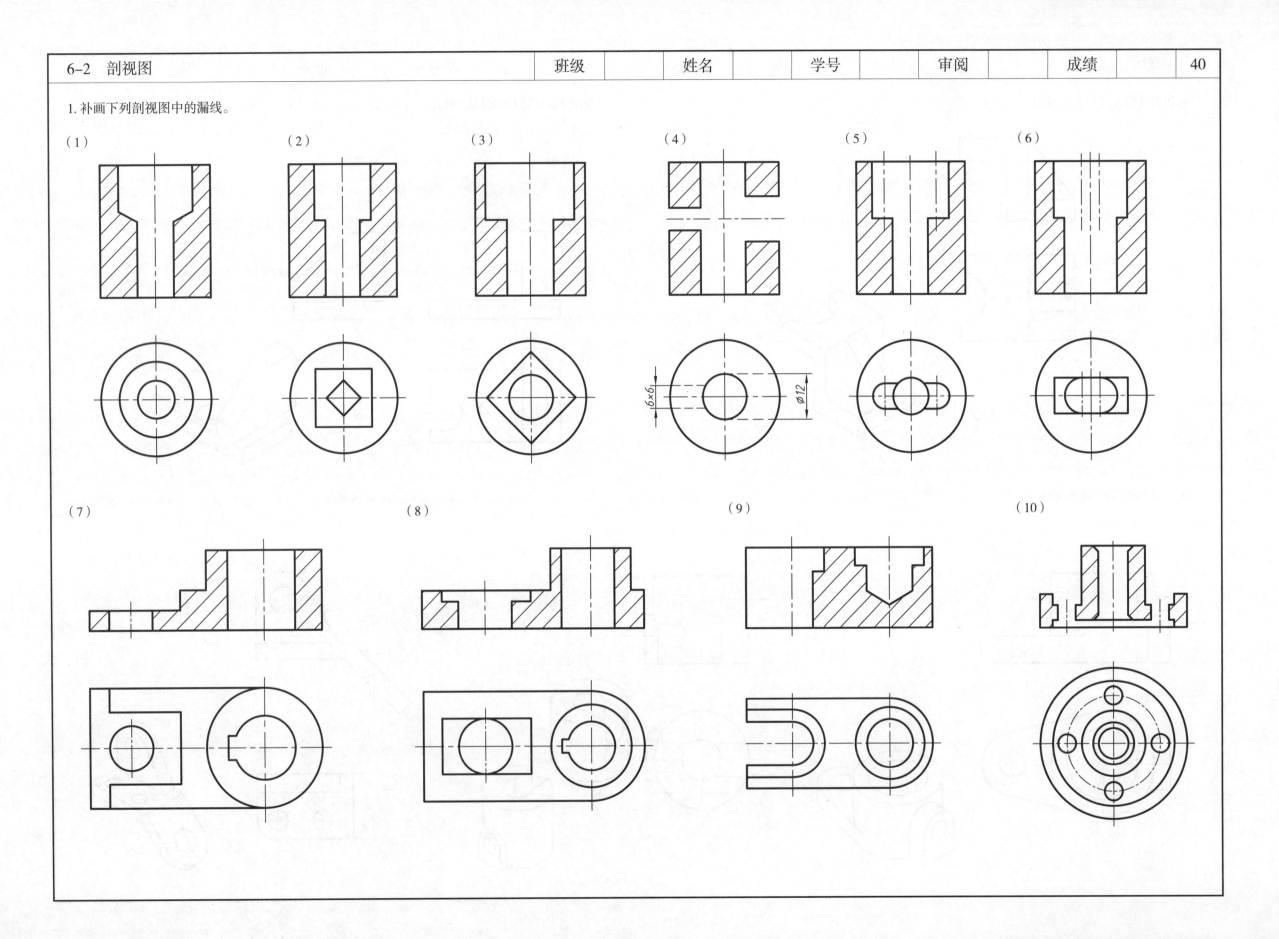

（1）　（2）　（3）　（4）　（5）　（6）

（7）　（8）　（9）　（10）

2. 在指定位置将主视图改画为全剖视图。

（1） （2） （3） （4）

3. 补画出半剖视图中所缺的图线。

（1） （2） （3）

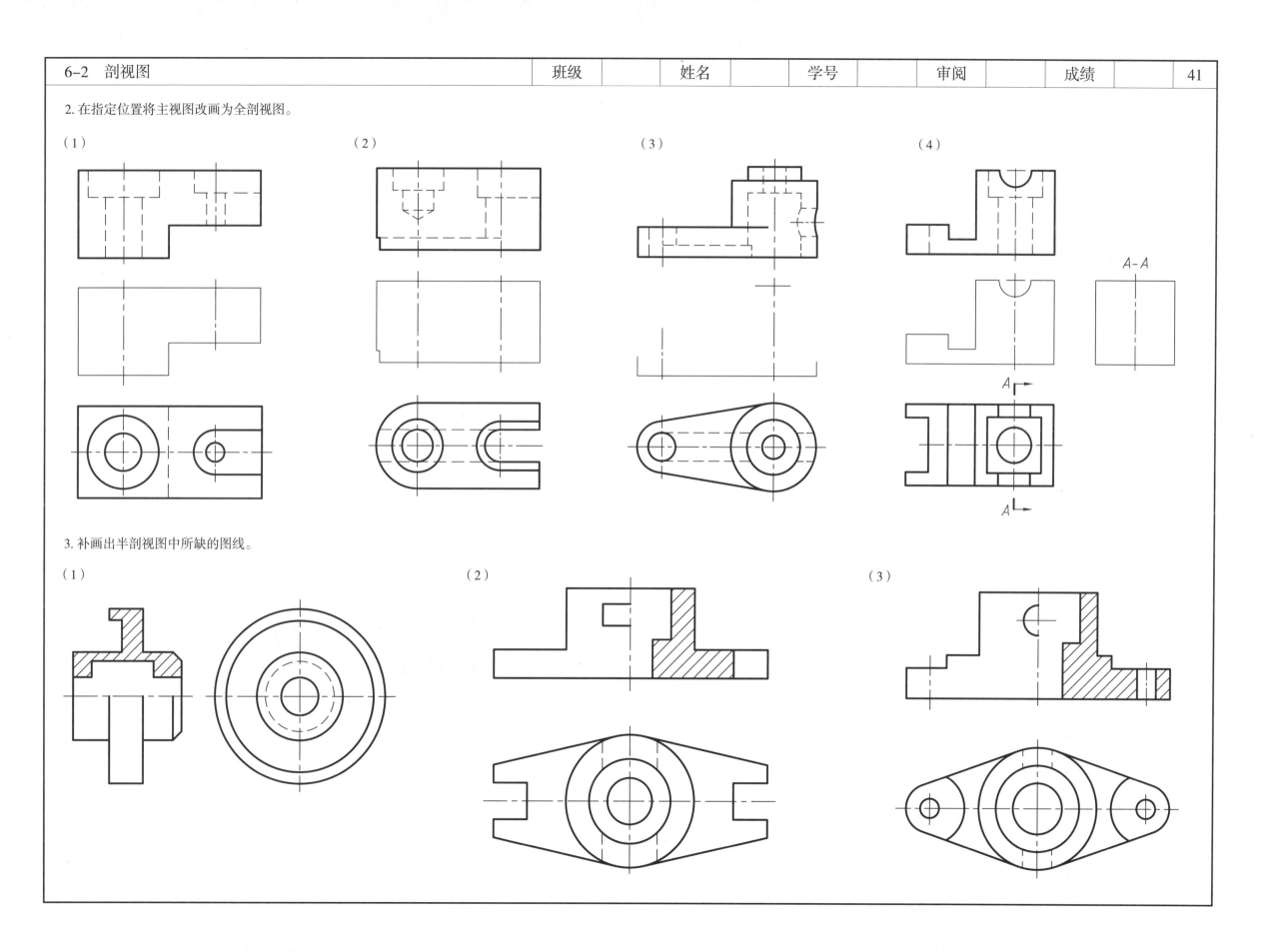

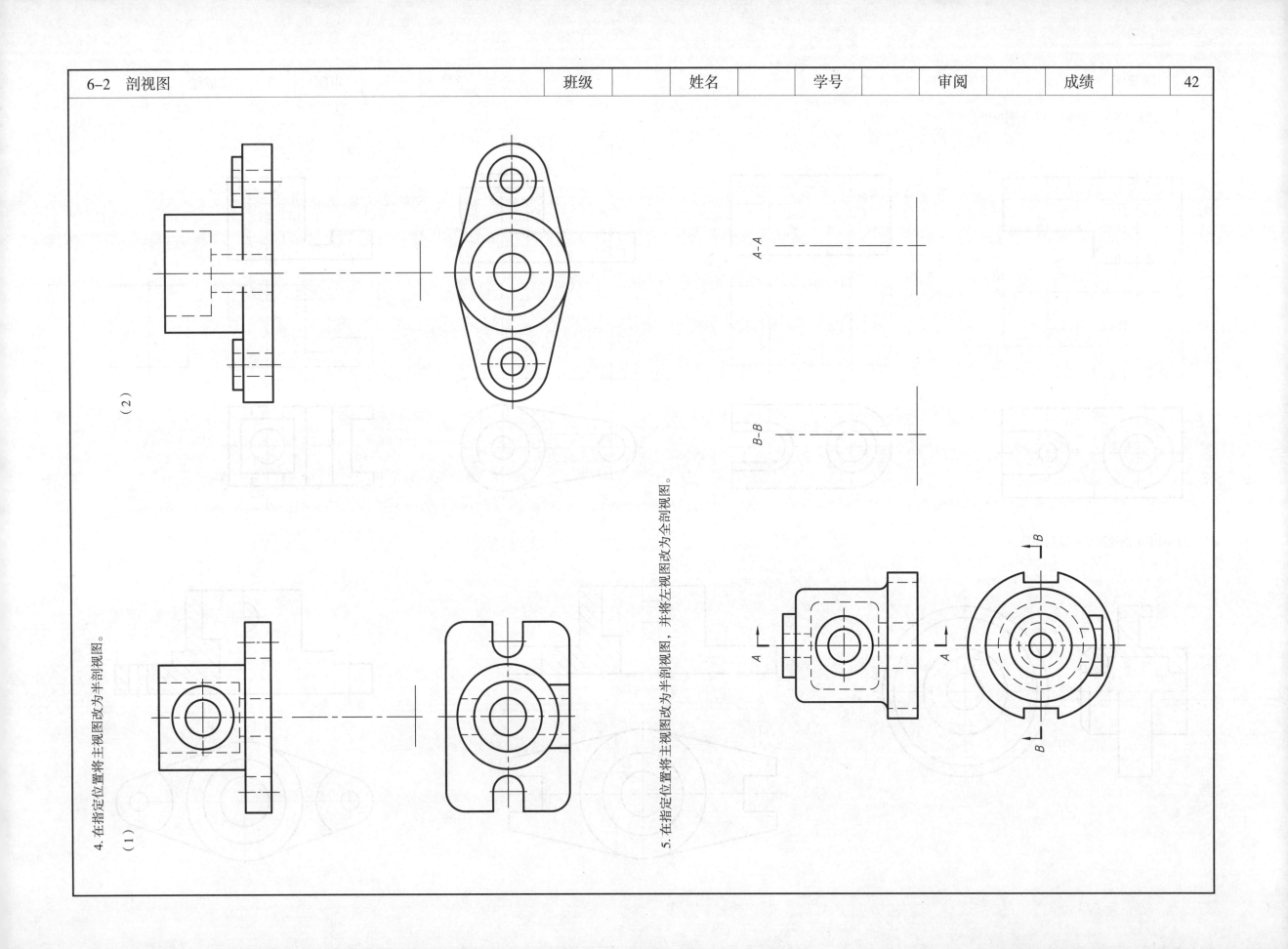

（2）

A-A

B-B

4.在指定位置将主视图改为半剖视图。

（1）

5.在指定位置将主视图改为半剖视图，并将左视图改为全剖视图。

6. 判断图中局部剖视图的画法错误，在指定位置绘出正确的图形。

7. 将视图改画成适当的局部剖视图。

（1）

（2）

8. 在指定的位置将视图改画成适当的局部剖视图。

（1）

（2）

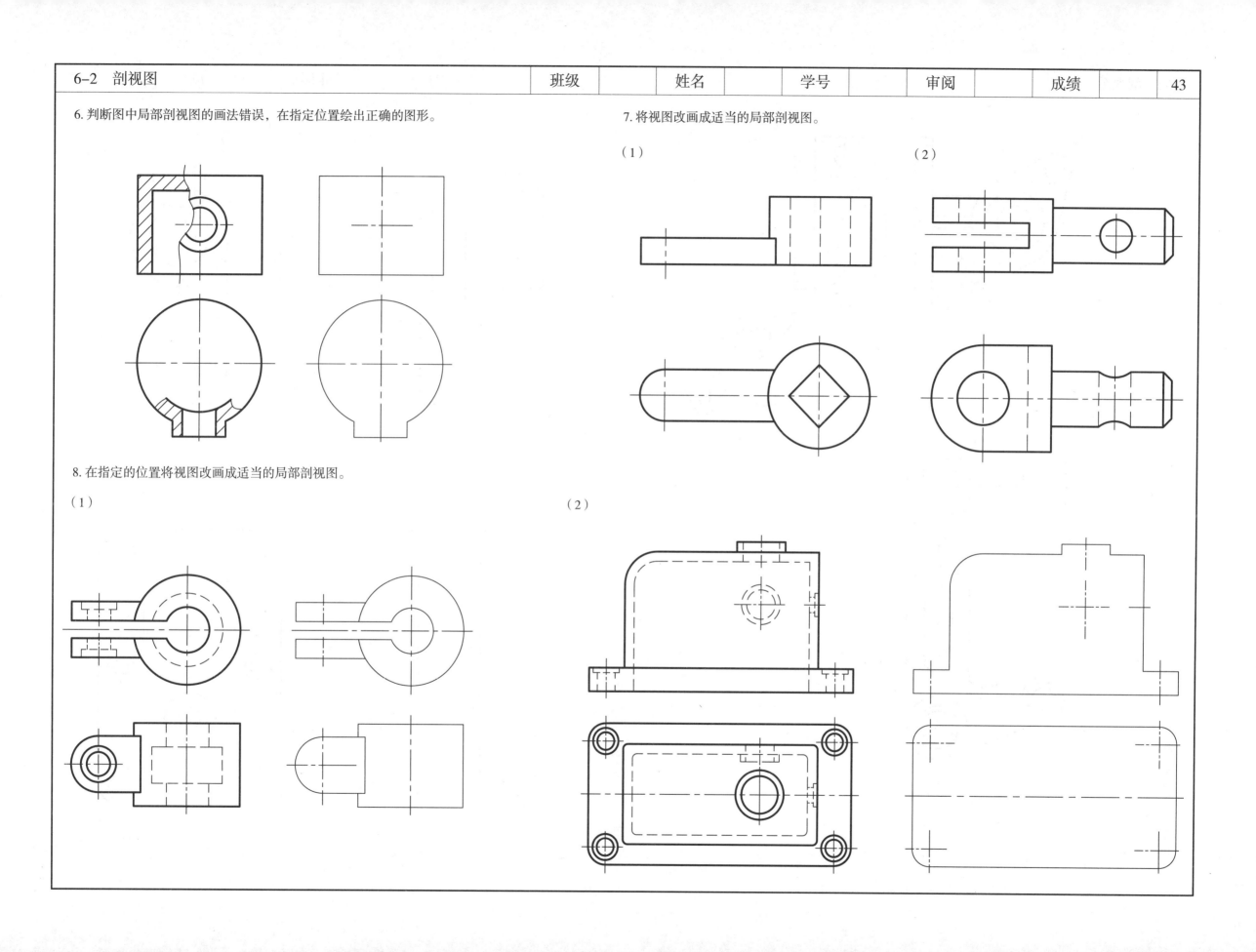

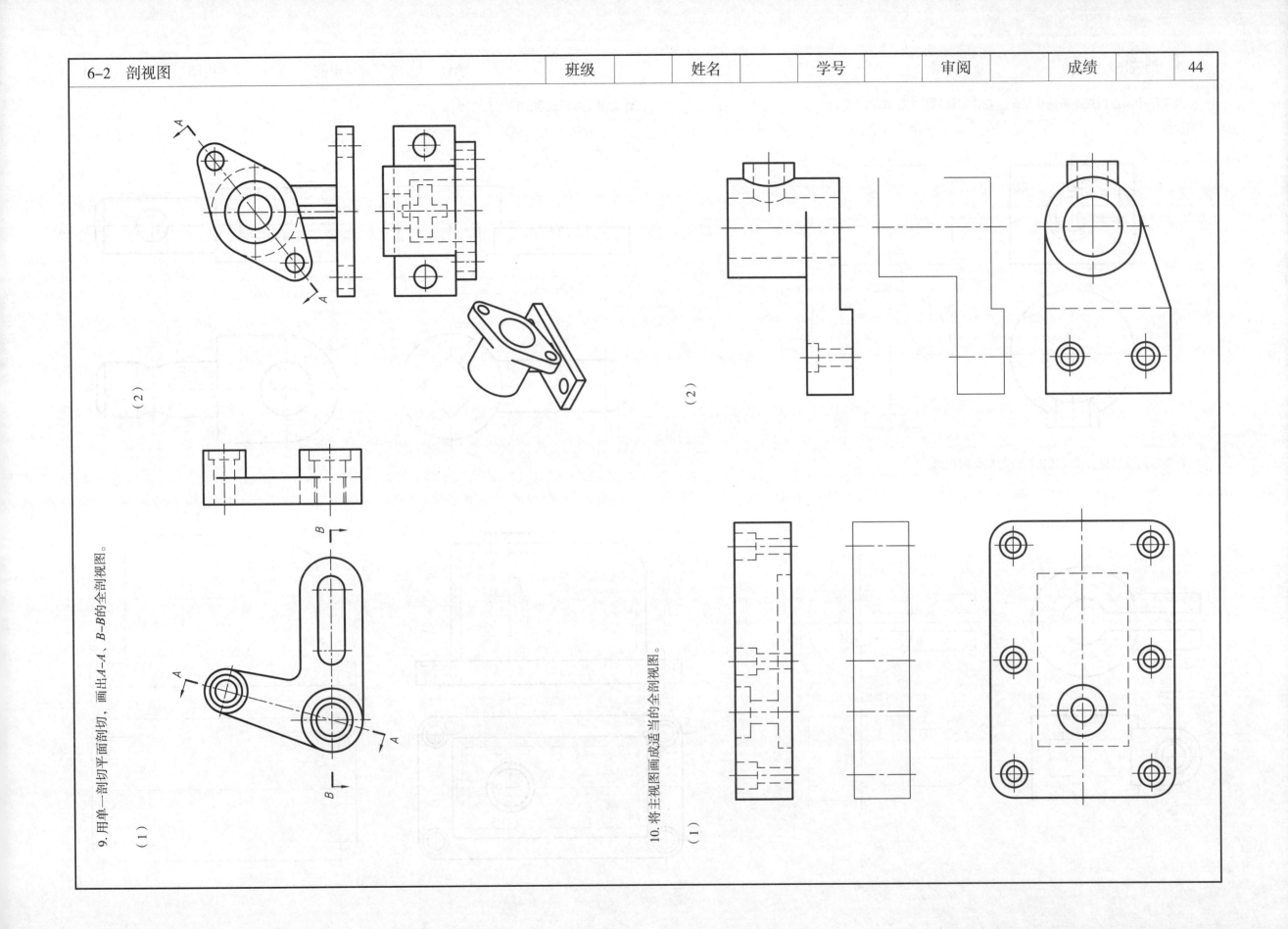

9. 用单一剖切平面剖切，画出A–A、B–B的全剖视图。

（1）

（2）

10. 将主视图画成适当的全剖视图。

（1）

（2）

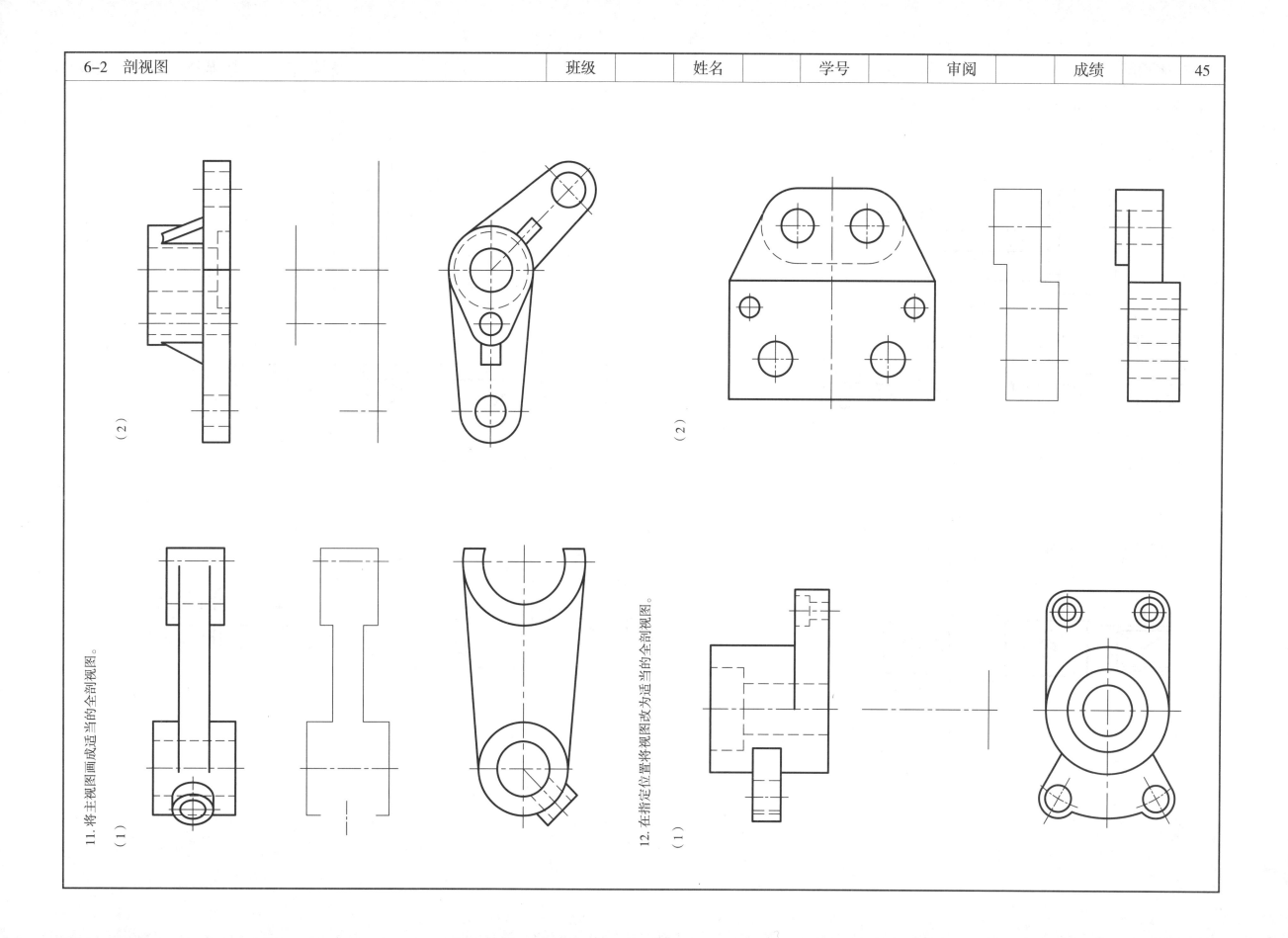

（2）

（2）

11. 将主视图画成适当的全剖视图。

（1）

12. 在指定位置将视图改为适当的全剖视图。

（1）

1.分析判断，指出正确的断面图。

（1）

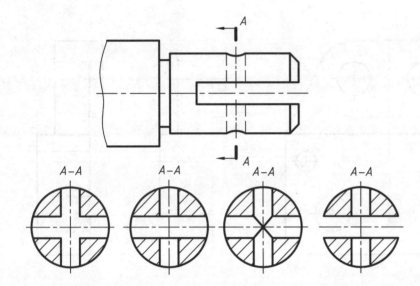

（2）

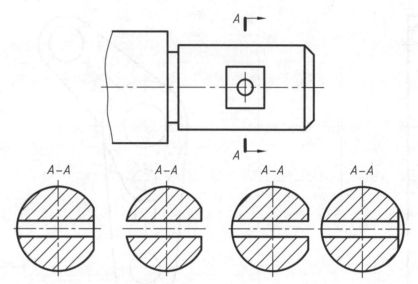

2.指出下面断面图的错误，并在指定位置画出正确的断面图。

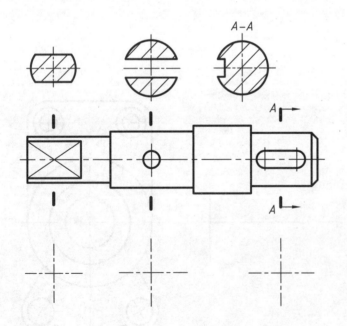

3.在指定位置绘制断面图（两键槽深为4mm）。

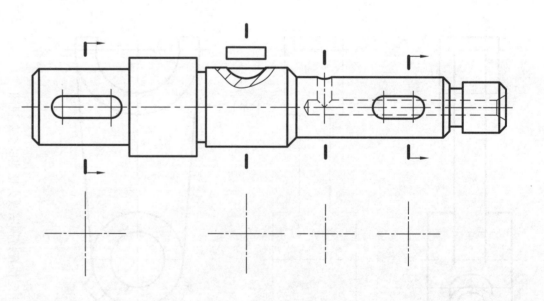

1.选择适当的方法表达下列机件。

（1）

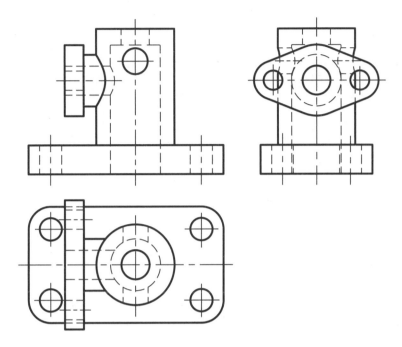

（2）

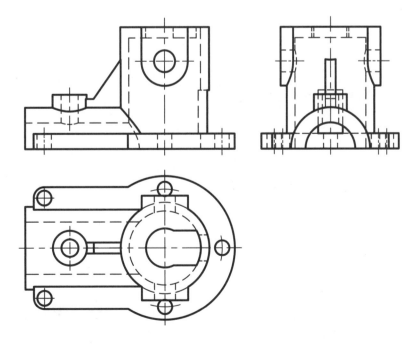

2.选择适当的方法表达下列机件。

（1）

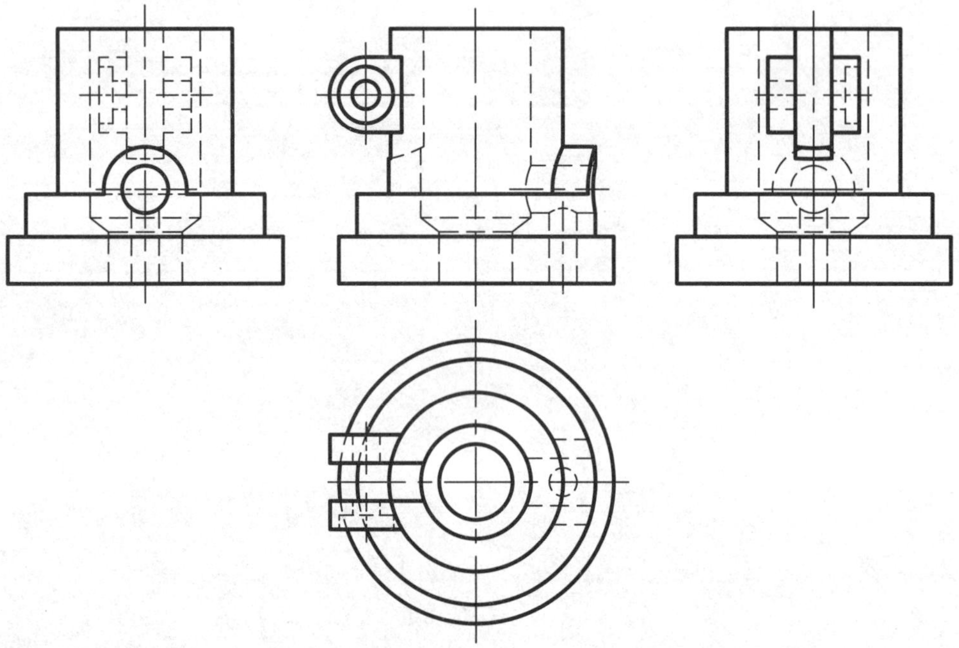

（2）

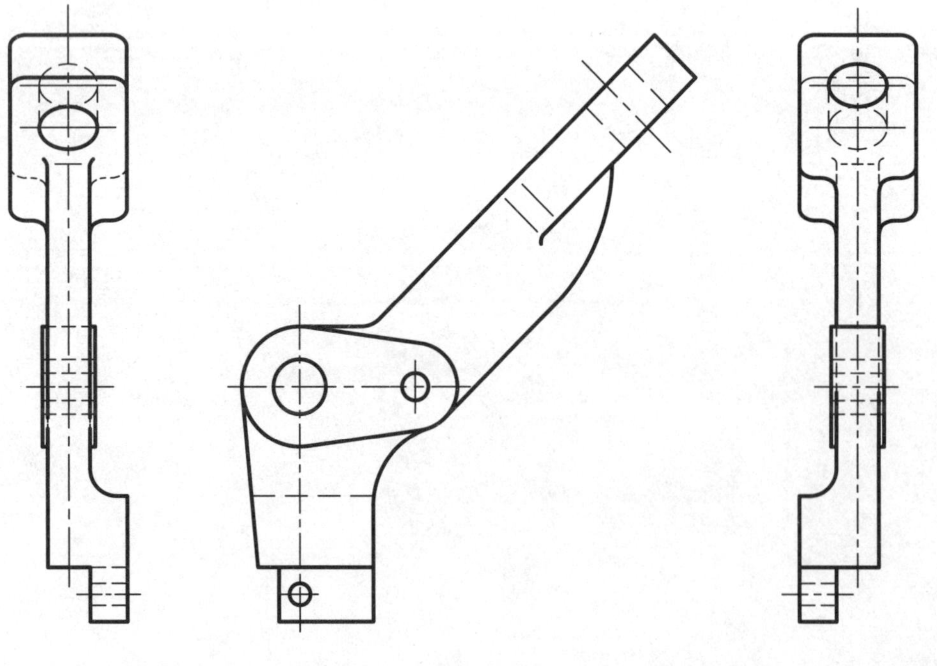

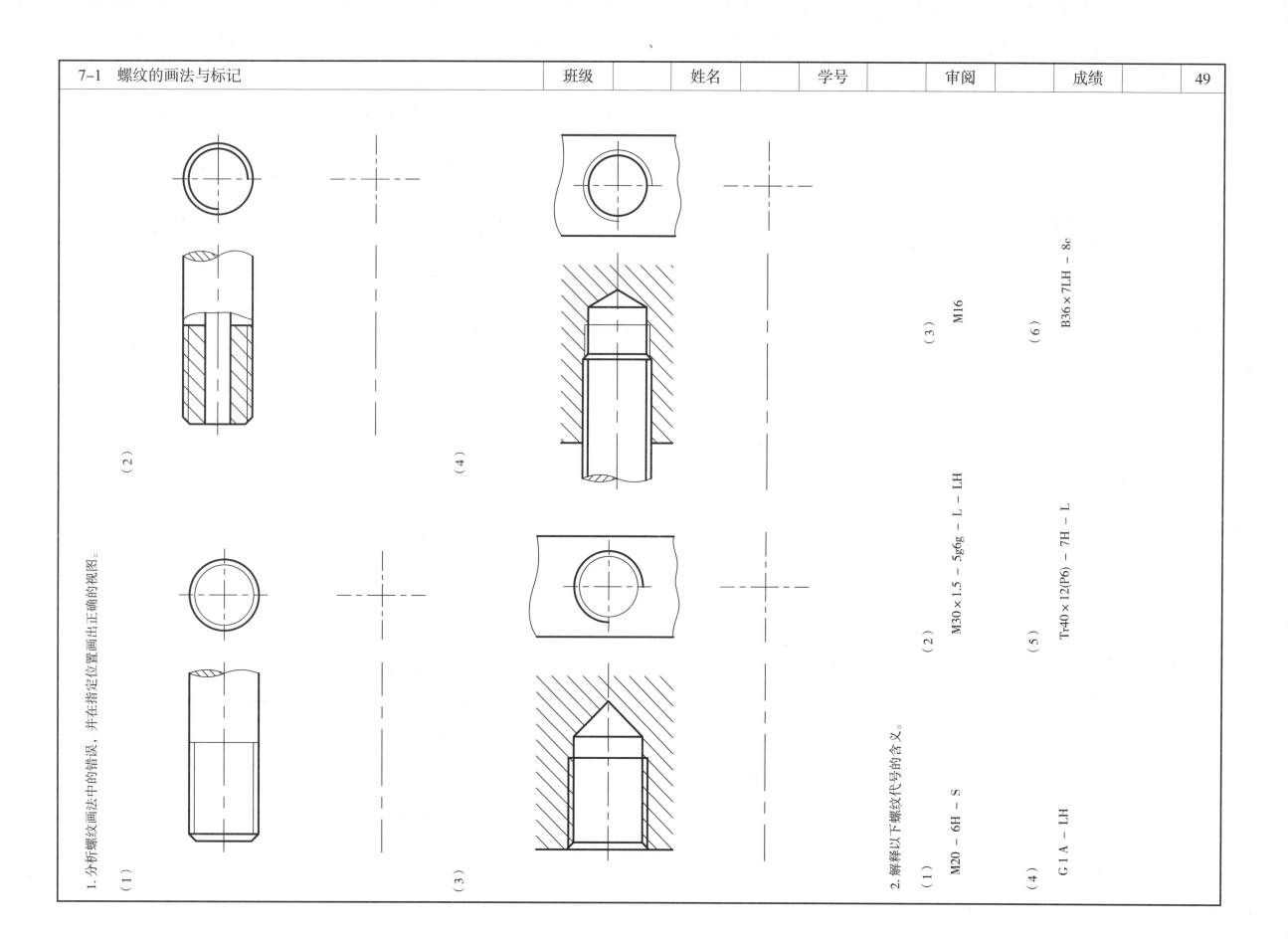

1. 分析螺纹画法中的错误，并在指定位置画出正确的视图。

（1）　　（2）　　（3）　　（4）

2. 解释以下螺纹代号的含义。

（1）　M20 – 6H – S

（2）　M30×1.5 – 5g6g – L – LH

（3）　M16

（4）　G1A – LH

（5）　Tr40×12(P6) – 7H – L

（6）　B36×7LH – 8c

1. 根据给出的图形，完成螺栓连接图。

2. 指出双头螺柱连接图中的错误，并将正确的连接图画在指定位置。

3. 指出沉头螺钉连接图中的错误，并将正确的连接图画在指定位置。

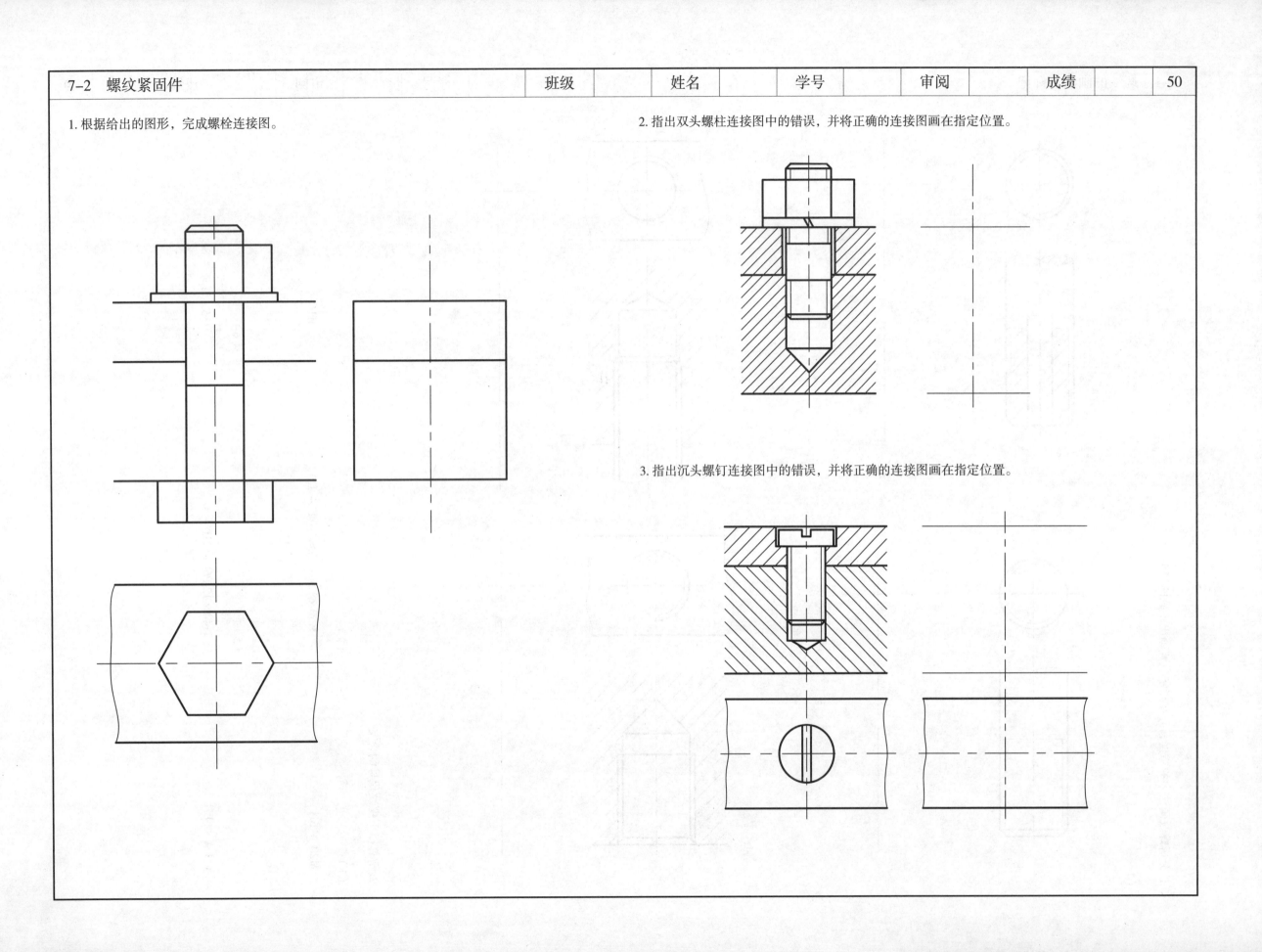

1. 补全标准直齿圆柱齿轮的主视图和左视图 (*m*=3，*Z*=31)。

2. 补全标准直齿圆柱齿轮啮合的主视图和左视图。

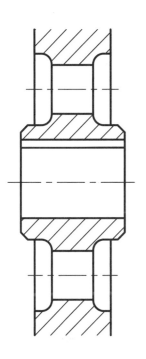
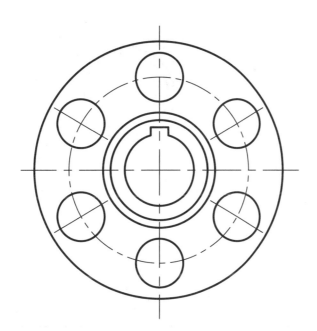
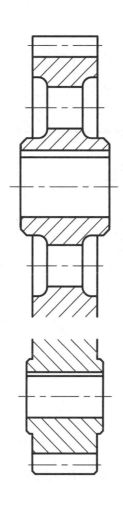
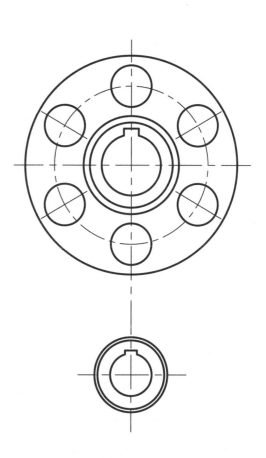

3. 补全直齿圆锥齿轮的主视图和左视图(模数m=3,分度圆锥角δ=45°)。

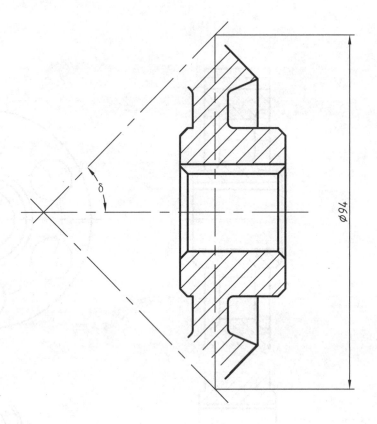

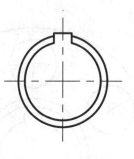

7-4 弹簧

已知圆柱螺旋压缩弹簧的簧丝直径为6mm,弹簧中径为44mm,节距12mm,弹簧自由高度为80mm,支承圈数为2.5,右旋。试画出弹簧的全剖视图,并标注尺寸。

1. 已知齿轮和轴用 A 型普通平键连接。轴、孔直径为 20mm，键长为 20mm，查表确定键和键槽的尺寸，按 1：1 比例完成轴和齿轮的图形。

2. 用第 1 题查表所得的平键将轴和齿轮连接起来，完成连接图形。

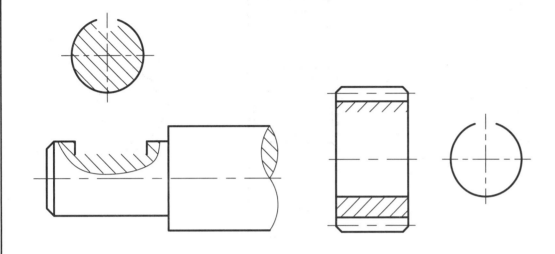

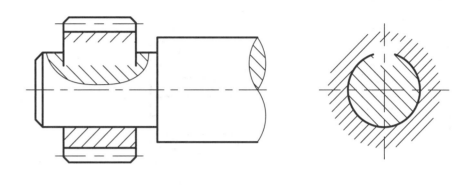

3. 检查滚动轴承规定画法中的错误，将正确的图形画在右侧。

4. 查表确定滚动轴承 6205 GB/T 276—1994 的尺寸，用规定画法在轴端画出轴承与轴的装配图。

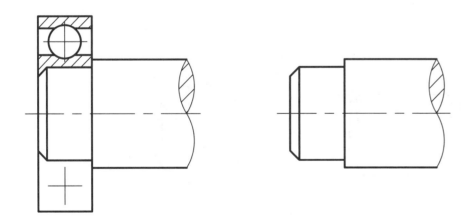

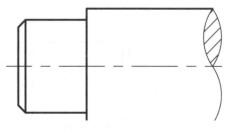

1. 检查表面结构代号注法上的错误，在右图正确标注。

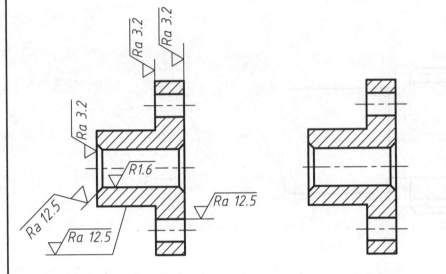

2. 按下列要求标注齿轮工作图表面结构代号。

（1）齿顶圆柱面Ra为6.3。

（2）齿面Ra为3.2。

（3）齿坯两端面Ra为6.3。

（4）键槽侧面Ra为3.2。

（5）键槽顶面Ra为6.3。

（6）轴孔内壁Ra为1.6。

（7）其余表面Ra为12.5。

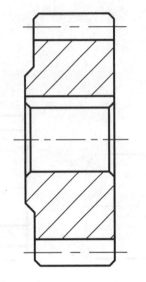
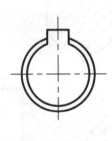

3. 按以下要求标注零件表面结构代号。

（1）$\phi 26$、$\phi 30$圆柱面及锥孔表面Ra为1.6。
（2）$\phi 38$圆柱面Ra为6.3。

（3）M24螺纹工作表面Ra为3.2。
（4）键槽两侧面Ra为3.2，底面Ra为12.5。

（5）其余表面Ra为25。

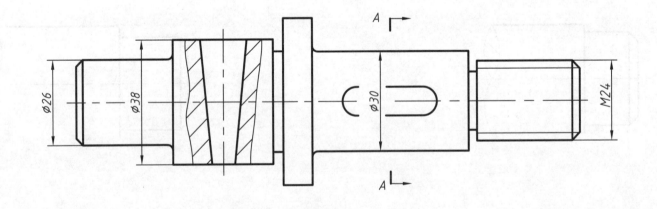
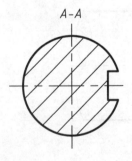

1. 根据孔、轴的极限偏差，判定其配合类别，画出公差带图，计算并填写最大、最小间隙或过盈。

（1）　　　　　　　　　（2）　　　　　　　　　（3）

孔：　　　　　　　　　　孔：　　　　　　　　　　孔：

$\phi 100^{+0.022}_{0}$　　　　　　$\phi 65^{+0.030}_{0}$　　　　　　$\phi 50^{-0.034}_{-0.059}$

轴：　　　　　　　　　　轴：　　　　　　　　　　轴：

$\phi 100^{-0.034}_{-0.051}$　　　　$\phi 65^{+0.021}_{+0.002}$　　　　$\phi 50^{0}_{-0.016}$

孔、轴为（　　）配合　　孔、轴为（　　）配合　　孔、轴为（　　）配合

公差带图：　　　　　　　公差带图：　　　　　　　公差带图：

```
+                       +                       +
0 ——————————            0 ——————————            0 ——————————
-                       -                       -
```

最大（间隙、过盈）=　　　最大（间隙、过盈）=　　　最大（间隙、过盈）=
最小（间隙、过盈）=　　　最小（间隙、过盈）=　　　最小（间隙、过盈）=

2. 查表，将极限偏差数值、公差值填入括号内。

（1）$\phi 36H7$

上极限偏差（　　）下极限偏差（　　）公差（　　）

（2）$\phi 40js6$

上极限偏差（　　）下极限偏差（　　）公差（　　）

（3）$\phi 30h8$

上极限偏差（　　）下极限偏差（　　）公差（　　）

3. 说明下列配合代号的含义。

（1）零件1与圆柱销的配合代号为（　　　　）。
　　零件2与圆柱销的配合代号为（　　　　）。

（2）$\phi 10F8/h7$ 的含义是：
　　相配合的孔、轴公称尺寸为（　　　　），配合的基准制为（　　　　）。

　　孔的基本偏差代号为（　　　　），公差等级为（　　　　）。

　　查表得孔的上极限偏差为（　　　　），下极限偏差为（　　　　）。

　　轴的基本偏差代号为（　　　　），公差等级为（　　　　）。

　　查表得轴的上极限偏差为（　　　　），下极限偏差为（　　　　），配合种类为（　　　　）。

零件1　　　圆柱销　　　$\phi 10\frac{F8}{h7}$　　　零件2

$\phi 10\frac{H8}{h7}$

4. 根据配合代号，查表后注出孔、轴的极限偏差值，并回答下面的问题。

5. 根据零件图的标注，在装配图上注出配合代号，并回答下列问题。

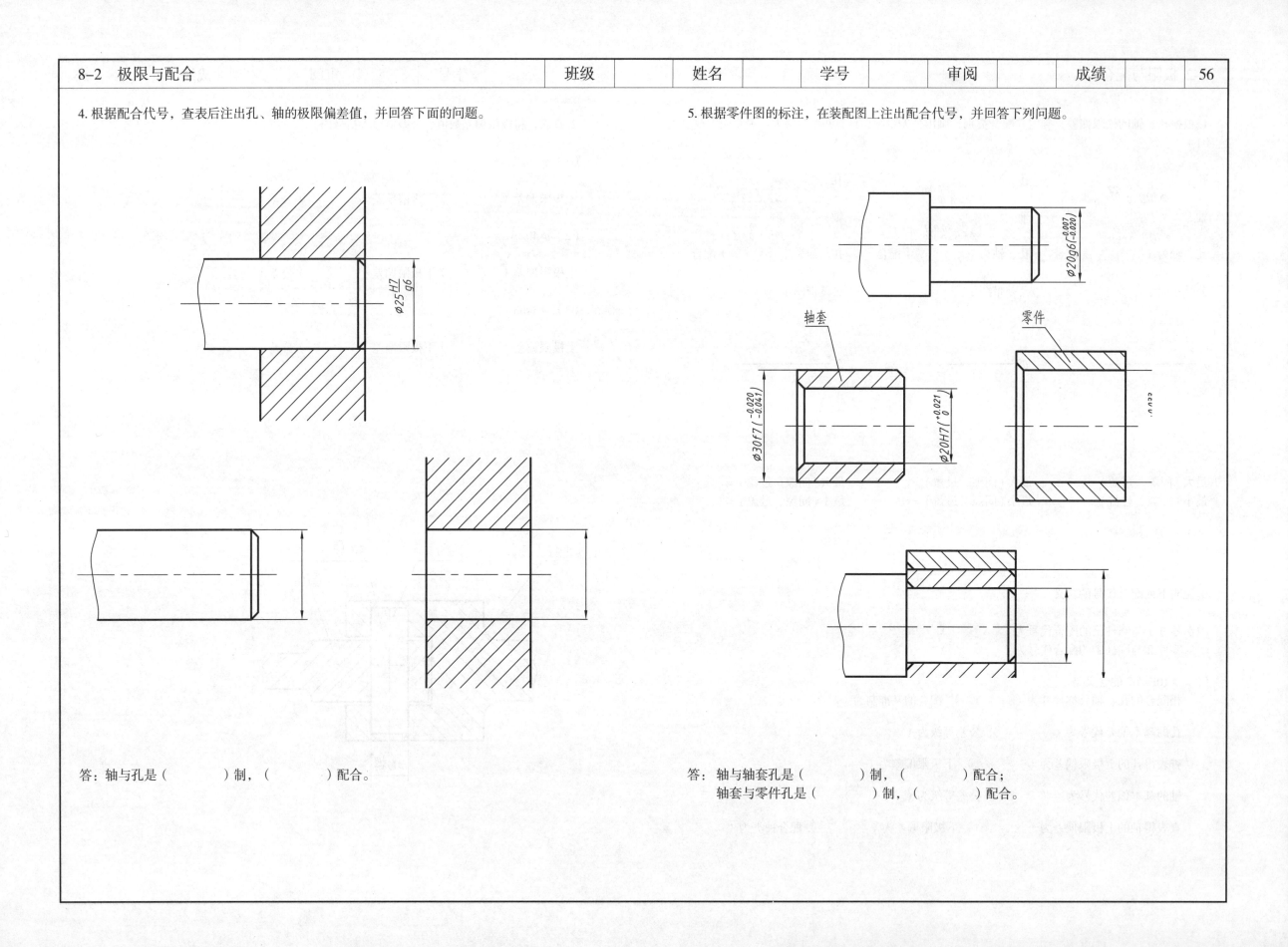

$\phi 25\dfrac{H7}{g6}$

$\phi 20g6(^{-0.007}_{-0.020})$

轴套

零件

$\phi 30f7(^{-0.020}_{-0.041})$

$\phi 20H7(^{+0.021}_{0})$

答：轴与孔是（　　　　）制，（　　　　）配合。

答：轴与轴套孔是（　　　　）制，（　　　　）配合；
　　轴套与零件孔是（　　　　）制，（　　　　）配合。

1.说明图中所注框格的含义。

（1）公差框格①的含义：被测要素（　　　　），基准要素（　　　　），公差项目（　　　　），公差值（　　　　）。

（2）公差框格②的含义：被测要素（　　　　），公差项目（　　　　），公差值（　　　　）。

（3）公差框格③的含义：被测要素（　　　　），公差项目（　　　　），公差值（　　　　）。

（4）公差框格④的含义：被测要素（　　　　），基准要素（　　　　），公差项目（　　　　），公差值（　　　　）。

2.说明图中所注框格的含义。

（1）公差框格①的含义：被测要素（　　　　），基准要素（　　　　），公差项目（　　　　），公差值（　　　　）。

（2）公差框格②的含义：被测要素（　　　　），公差项目（　　　　），公差值（　　　　）。

（3）公差框格③的含义：被测要素（　　　　），基准要素（　　　　），公差项目（　　　　），公差值（　　　　）。

（4）公差框格④的含义：被测要素（　　　　），基准要素（　　　　），公差项目（　　　　），公差值（　　　　）。

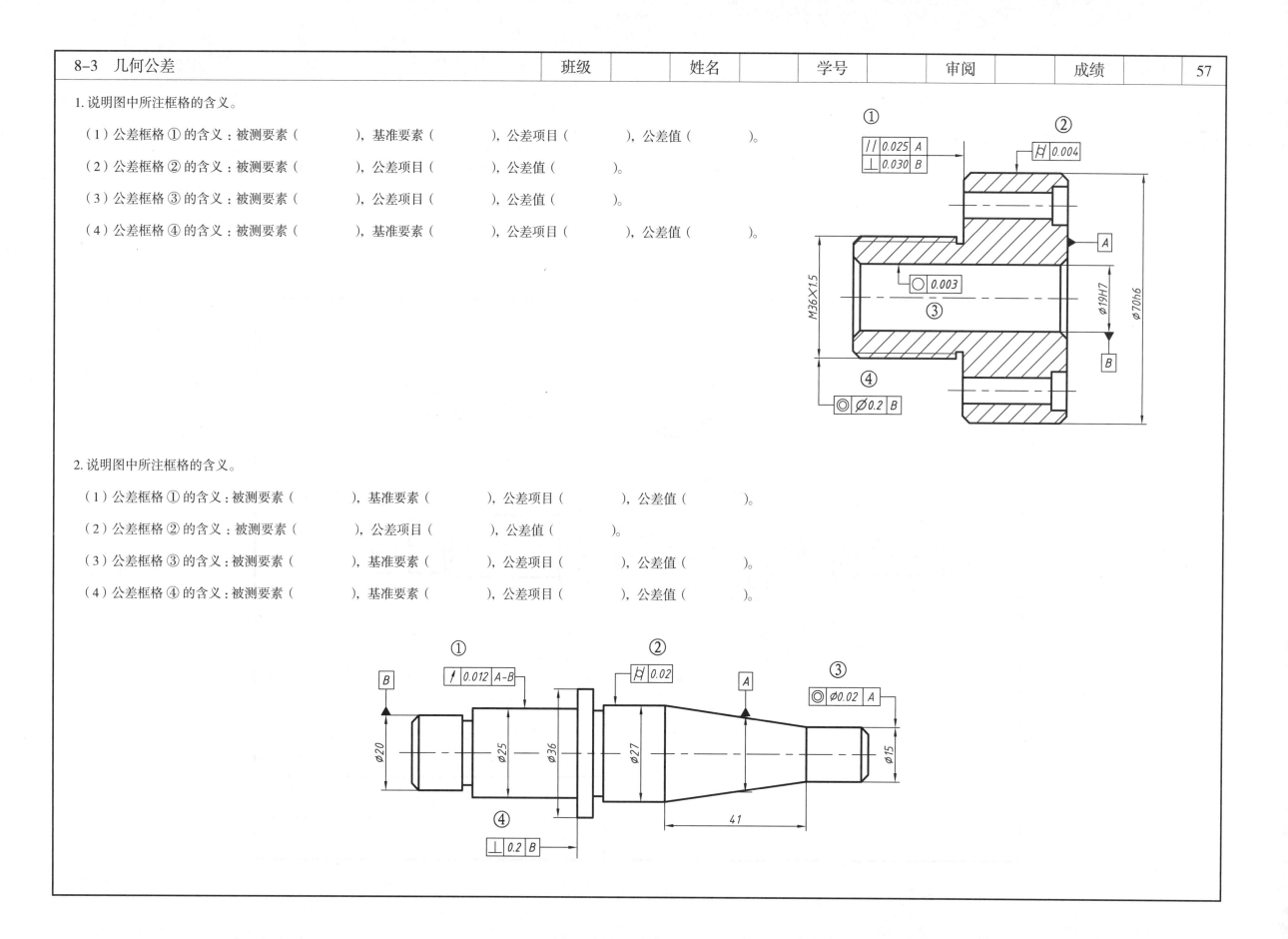

1. 传动轴

读图要求：

（1）指出各视图的名称，并说明各视图的作用。

（3）退刀槽尺寸 2×1 的含义是（   ）。

（5）长度尺寸的主基准为（   ），辅助基准为（   ），径向尺寸的基准为（   ）。

（2）两处键槽的定位尺寸为（   ）、（   ），定形尺寸为（   ）、（   ）。

（4）⌾ ⌀0.012 A 的被测要素为（   ），基准要素为（   ）。

（6）画出 B－B 移出断面图（键槽的尺寸由查表确定）。

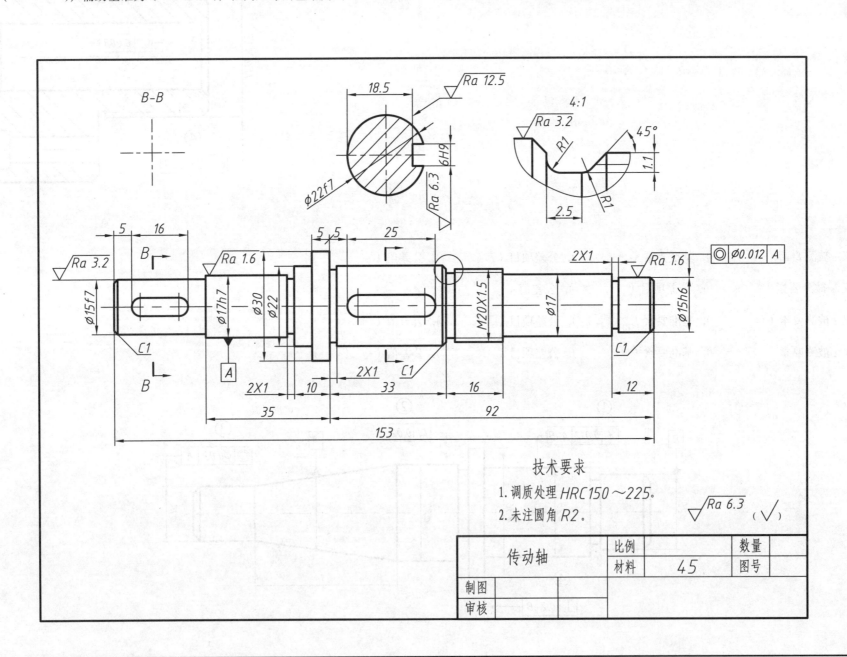

技术要求

1. 调质处理 HRC150～225。

2. 未注圆角 R2。

√Ra 6.3 (√)

传动轴	比例		数量	
	材料	45	图号	
制图				
审核				

2. 顶盖

读图要求：

（1）零件图的主视图采用了（　　　　　）剖视图，C 向视图是（　　　　　）视图，B 向视图为（　　　　　）视图。

（2）简要说明 C 向视图、B 向视图的作用。

（3）零件的主要尺寸基准：长度为（　　　　　）、宽度为（　　　　　）、高度为（　　　　　）。

（4）列举出零件中的重要定位尺寸。

（5）螺纹孔 M16－7H 的深度尺寸为（　　　　　），深度尺寸的基准为（　　　　　）端面，它的定位尺寸为（　　　　　）。

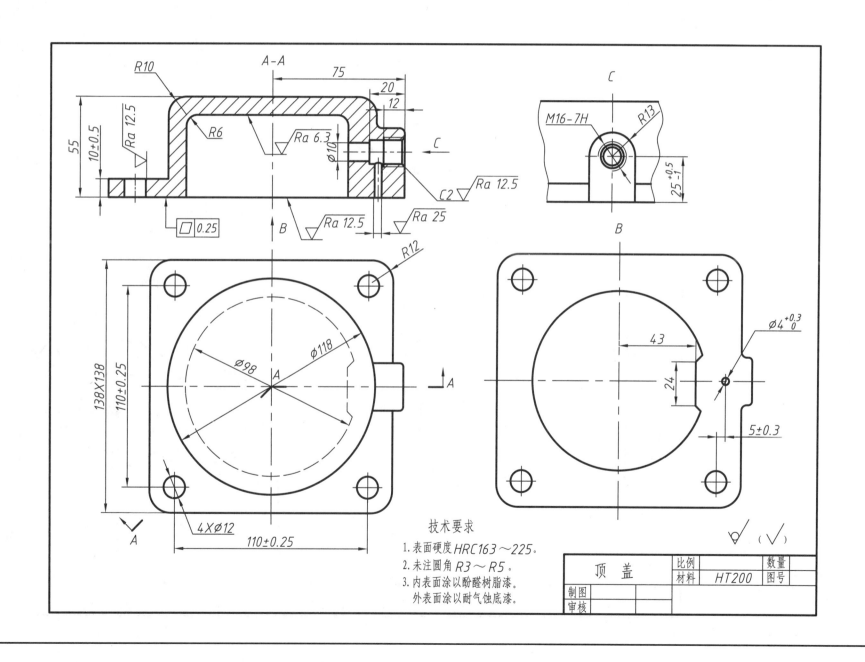

技术要求

1. 表面硬度 HRC163～225。
2. 未注圆角 R3～R5。
3. 内表面涂以酚醛树脂漆。
   外表面涂以耐气蚀底漆。

顶　盖	比例		数量	
	材料	HT200	图号	
制图				
审核				

3. 泵体

读图要求：

(1) 零件图俯视图采用了（　　）剖视图，表达了（　　）的结构。

(2) 零件的主要尺寸基准：长度为（　　），宽度为（　　），高度为（　　）。

(3) 列举出零件中的重要定位尺寸。

(4) 结合工作原理简单分析所注的技术要求的特点。

(5) ⊥ 0.05 A 的被测要素为（　　），基准要素为（　　）。

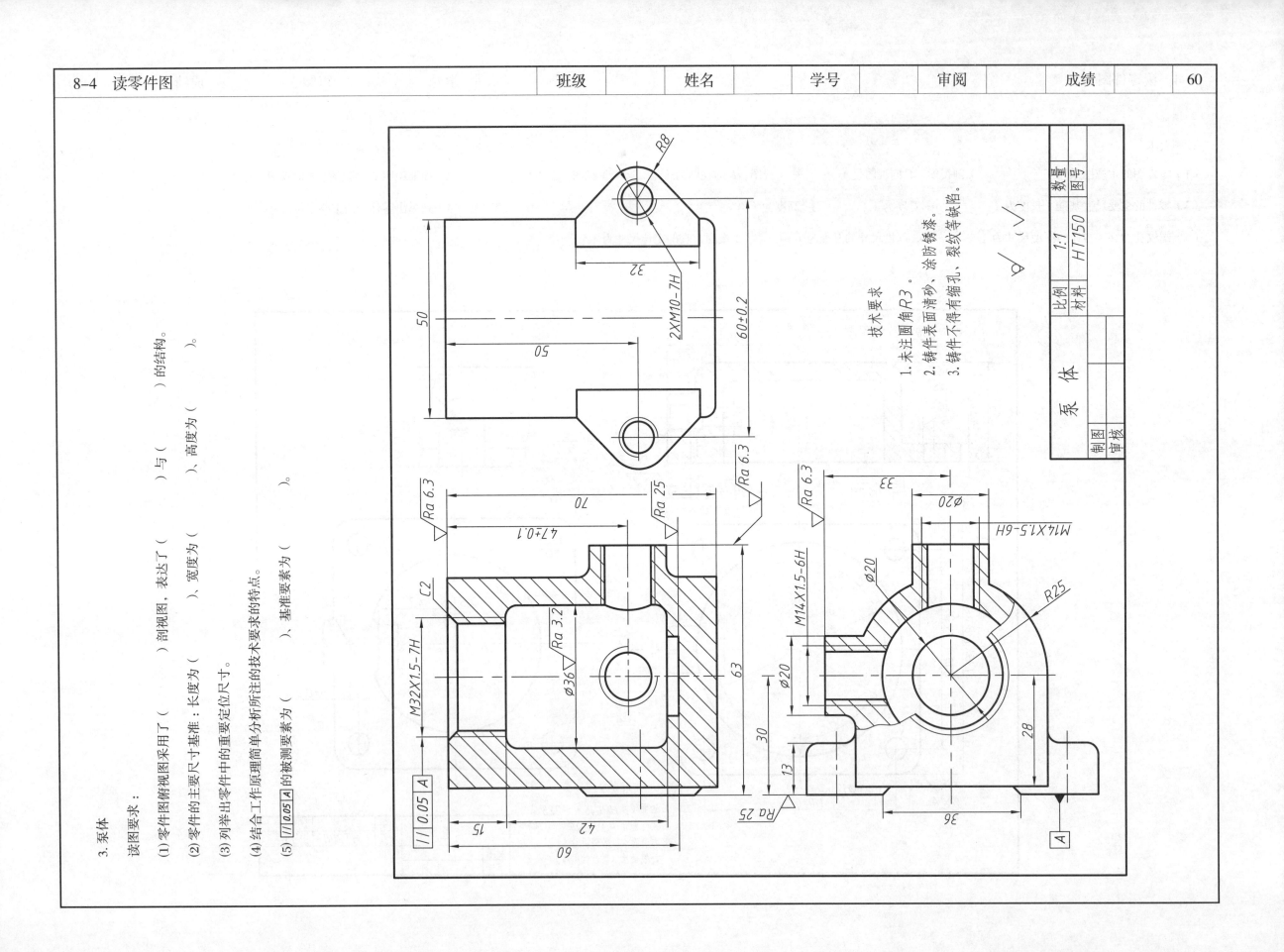

技术要求

1. 未注圆角 R3。

2. 铸件表面清砂、涂防锈漆。

3. 铸件不得有缩孔、裂纹等缺陷。

	比例	1:1	数量	
泵 体	材料	HT150	图号	
制图				
审核				

根据定位器示意图、轴测装配图及零件图,拼画装配图 (A3 图幅、比例为 4∶1)。

DQ-34 定位器工作原理

定位器为电子仪器中的一个部件,安装在机箱的内壁上。

该定位器由 7 种零件组成。套筒 (件 3) 铆接在支架 (件 2) 上,定位轴 (件 1)、压簧 (件 4)、压盖 (件 5) 等装在套筒内,

把手 (件 6) 装在定位轴上并通过紧定螺钉 (件 7) 固定。

工作时定位轴 1 靠压簧的张力插入被定位零件的孔中。当该零件需要变换位置时,拉动把手 6 可将定位轴从孔中拉出实现换位。

松开把手后,压簧 4 使定位轴 1 恢复原位。

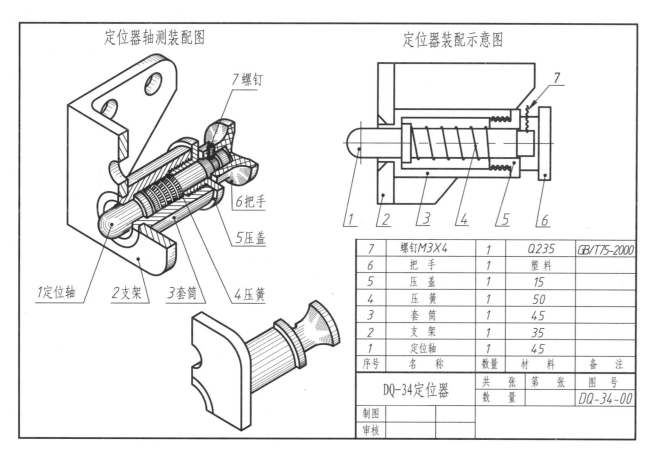

定位器轴测装配图

定位器装配示意图

7	螺钉M3X4	1	Q235	GB/T75-2000
6	把手	1	塑料	
5	压盖	1	15	
4	压簧	1	50	
3	套筒	1	45	
2	支架	1	35	
1	定位轴	1	45	
序号	名 称	数量	材 料	备 注

DQ-34定位器	共 张 第 张	图号
	数量	DQ-34-00
制图		
审核		

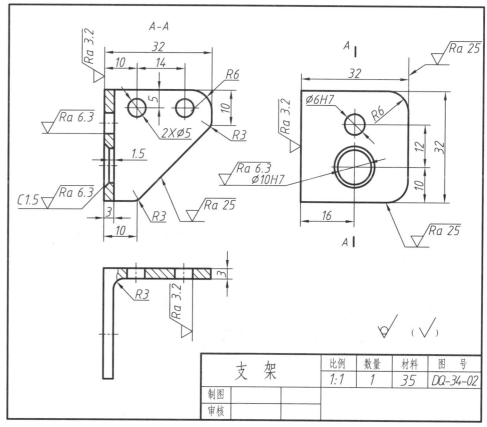

支 架	比例	数量	材料	图 号
	1:1	1	35	DQ-34-02
制图				
审核				

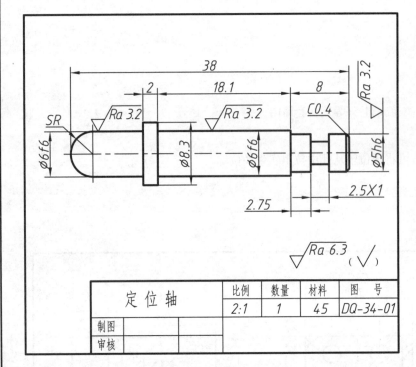

定 位 轴	比例	数量	材料	图 号
	2:1	1	45	DQ-34-01
制图				
审核				

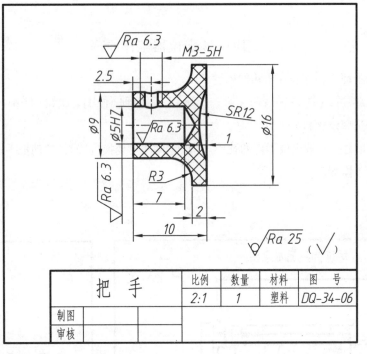

把 手	比例	数量	材料	图 号
	2:1	1	塑料	DQ-34-06
制图				
审核				

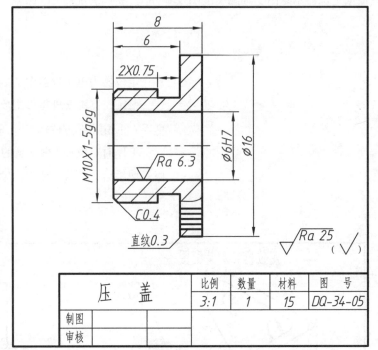

压 盖	比例	数量	材料	图 号
	3:1	1	15	DQ-34-05
制图				
审核				

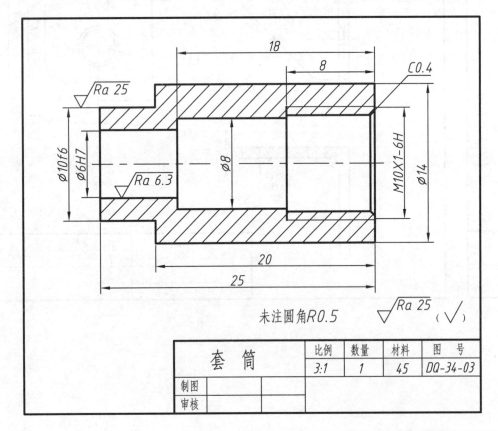

未注圆角R0.5

套 筒	比例	数量	材料	图 号
	3:1	1	45	DQ-34-03
制图				
审核				

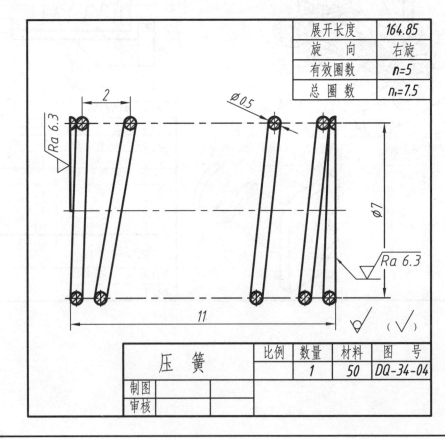

展开长度	164.85
旋 向	右旋
有效圈数	$n=5$
总圈数	$n_t=7.5$

压 簧	比例	数量	材料	图 号
		1	50	DQ-34-04
制图				
审核				

读蝴蝶阀装配图，并拆画零件图。

一、蝴蝶阀工作原理

蝴蝶阀是用于管道上截断气流或液流的闸门装置。该装置是通过齿轮、齿条机构带动阀门转动来实现截流的。

当外力带动齿杆 13 左右移动时，与齿杆啮合的齿轮 11 就带动阀杆 4 转动，使阀门 3 开启或关闭。

图示阀门为开启位置。当齿杆向右移动时，即关闭。齿杆靠紧定螺钉 12 周向定位，使其只能左右移动，不能转动。阀门用锥头铆钉 2 固定在阀杆上，盖板 10 和阀盖 6 用三个螺钉 8 固定在阀体 1 上。

二、读懂蝴蝶阀装配图，完成下列各题。

1. 回答问题

（1）下列尺寸各属于装配图中的何种尺寸?

ϕ16H8/f8 属于（　　　　）尺寸，137 属于（　　　　）尺寸，158 属于（　　　　）尺寸。

（2）说明 ϕ16H8/f8 的含义：轴与孔配合属于（　　　　）制,（　　　　）配合，ϕ16 是（　　　　）尺寸，H8 是（　　　　）代号，f 是（　　　　）代号。

2. 思考题

（1）阀体和阀盖、齿轮与阀杆、齿杆与阀盖是怎样固定、定位的?

（2）找出左视图上件号 3 所指零件的正面投影，并想象出其空间形状。

3. 根据蝴蝶阀装配图拆画零件图

读懂阀体 1 和阀盖 6 的结构形状，并画出它们的零件图（自定图幅、比例）。

蝴蝶阀装配图

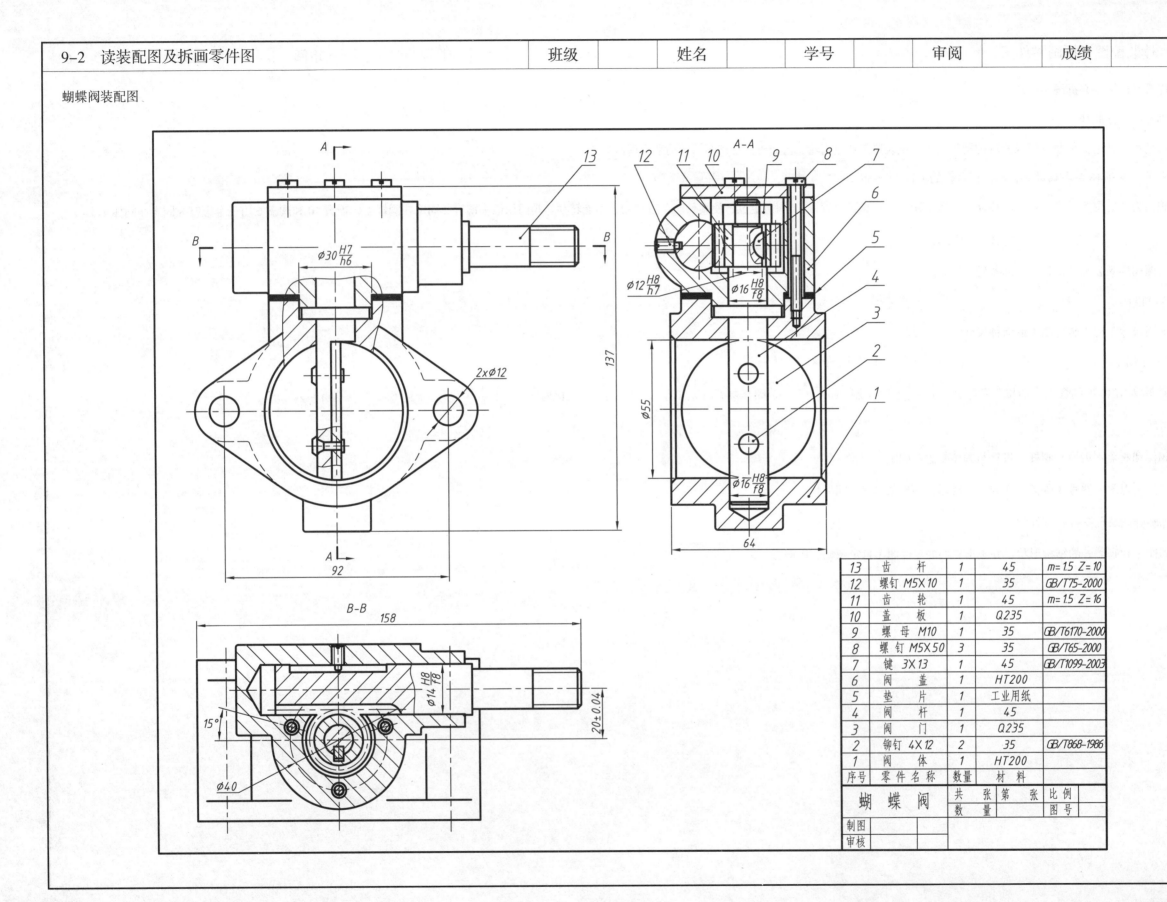

13	齿 杆	1	45	m=1.5 Z=10
12	螺钉 M5×10	1	35	GB/T75-2000
11	齿 轮	1	45	m=1.5 Z=16
10	盖 板	1	Q235	
9	螺 母 M10	1	35	GB/T6170-2000
8	螺 钉 M5×50	3	35	GB/T65-2000
7	键 3×13	1	45	GB/T1099-2003
6	阀 盖	1	HT200	
5	垫 片	1	工业用纸	
4	阀 杆	1	45	
3	阀 门	1	Q235	
2	铆 钉 4×12	2	35	GB/T868-1986
1	阀 体	1	HT200	
序号	零件名称	数量	材料	

蝴 蝶 阀	共 张 第 张	比例	
	数 量	图号	
制图			
审核			

作业要求：将展开图画在薄纸板上，并在接头处留适当余量，成型后粘牢，便可做出制件模型。

1. 按图中尺寸做出空间迂回管接头模型。

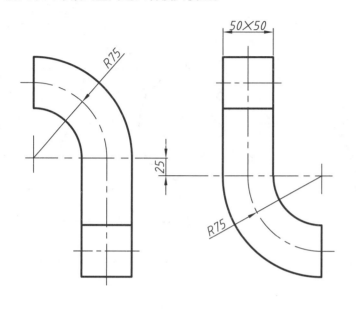
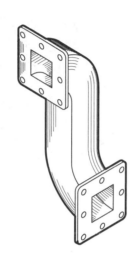
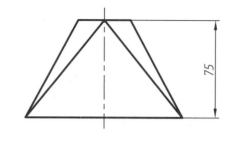

2. 按图中尺寸做出扭转变形管接头模型。

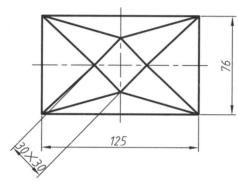
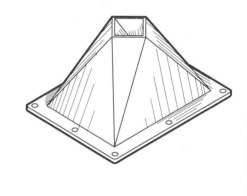

3. 按图中尺寸做出偏交圆柱管接头模型。

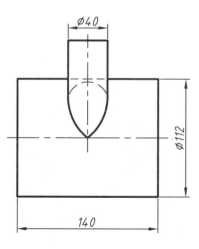
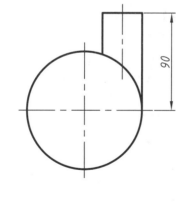
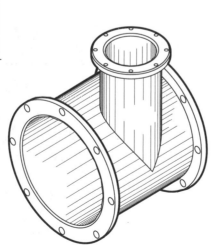

4. 按图中尺寸做出带补料圆柱管接头模型。

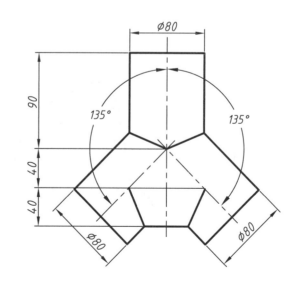
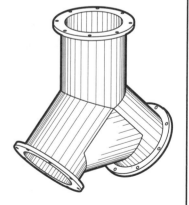

5. 按图中尺寸做出斜交圆柱管接头模型。

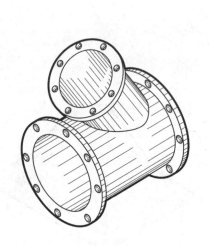

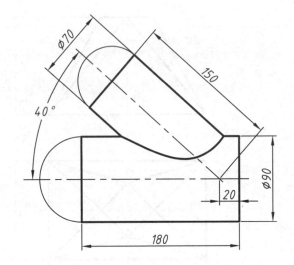

6. 按图中尺寸做出圆锥与圆柱斜交管接头模型。

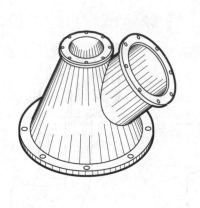

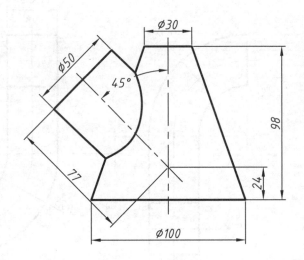

7. 按图中尺寸做出两节渐缩圆锥管接头模型。

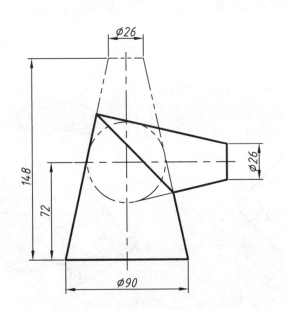

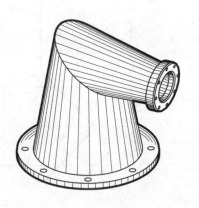

8. 按图中尺寸做出异形管接头模型。

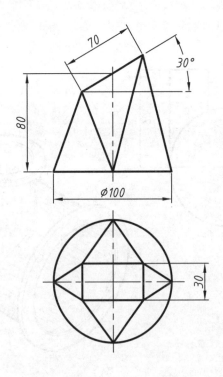

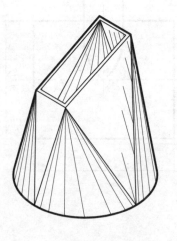